设计东方学文丛

1

郑巨欣 主编

设计东方学的观念和轮廓

中国美术学院出版社

目　录

总序

设计东方学的思维与表征

设计东方学，一个最新创造的名词，它既不见经传，也未传闻于坊间，何以用此作丛书名？

但凡生事，皆有原因。提出设计东方学，大体与"东方学"有关——一个兴起于 16 世纪末，发展于 18 世纪初，至 19 世纪宣告独立的学科。东方学最初形成于欧洲，20 世纪后，美国等欧洲以外的国家也介入其中并渐成主流。早期研究东方的欧洲人，将"东方"区分为近东（Near East，指地中海东部、亚洲西南部、阿拉伯半岛以及非洲东部国家和地区）、中东（Middle East，一般指亚洲和非洲东北部，西到利比亚，东到巴基斯坦，北到土耳其，南至阿拉伯半岛之间的地区）、远东（Far East，中国、越南、韩国、朝鲜和日本以及亚洲其他地区，如阿富汗东部等），所以东方只是相对于西方而言的某种存在。20 世纪以来有一批东方国家的学者加入该领域，因为他们拥有更加丰富和客观的本国材料，以及不同于西方的民族视野而引起人们高度和普遍的关注。由此，东方学成为一门国际间合作紧密的综合学科，其研究对象主要包括亚洲和非洲（主要指北非）的历史、经济、语言、文学、艺术等物质和精神文化。

　　然而大家都知道，现在我们熟悉的建筑设计、平面设计、工业设计、环境设计等，过去并没有出现在"东方学"语境里，甚至如今有关设计东方学的叙述和表达，也未曾被东方学研究者所了解。不过随着社会经济发展和世界格局不断的变化调整，这种缺乏沟通的局面或将有所改变，二者吸引对方的地方越来越多。

　　显而易见的是，相对于东方学，设计学毕竟年轻，就像人们通常认为的，它是近代工业和设计教育发展的产物。而东方的现代设计，不言而喻是西方在经历了约二百年发展之后才传到东方的产物。值得注意的还有，现代设计经过 20 世纪的发展，到了 21 世纪，由于经济全球化和互联网时代的到来，设计概念的内涵和外延都发生巨大变化。现在即使拿英国学者雷切尔·库珀（Rochel Cooper）和迈克·普赖斯（Mike Press）在《设计的议程》中的定义——设计即艺术、即解决问题、即创造、即各种专业的集合、即产业、即过程——来说明设计，也还会有人说，我们已经不再为设计而设计，而是在设计一种生活方式，在设计有感情的物品、会呼吸的建筑，甚至有人说设计是一种实验的艺术，是表达现代观念的民俗等。那么，在这一背景下的设计东方学，又指什么呢？

　　东方依然故我，然而有所不同的是，在以往人们记忆中的"东方"，首先是一个地理意义上的东方。如今，这个传统意义的"东方"概念已经明显不如以前那样被强调，世界扁平化和互联化趋势是一个不争的事实，但也正是因为这个事实促使我们重新认识"东方"。这个时候的"东方"，它的突出特征在于它的文化性，一种东方的特征。正是由于这样一个原因，在我看来，东方设计学不如设计东方学来得更加接近事实的本质。

至此，我们有必要将"设计"进行一番简要的解剖。不难看出，设计这个东西的内核乃是创造力，而驱使它的背后原因则是人的生活所需，并且这种需要不像纯粹艺术那般将情感作为首要表达，而是往往通过满足于实用来获得某种喜悦。实用的艺术，无非衣、食、住、行所及之物，所以设计始被称为造物的艺术。问题是造物有两种方式，而工业革命的结果，是用机器造物取代手工造物，所以因物生情的结果，自然也就有所不同了。

用手工造物，在过去不仅是东方的传统，同时也是西方的传统。但是，在二百多年前的英国，由于工业革命而导致了一场设计史上影响深远的艺术与手工艺运动。旗帜鲜明的是当时颇具号召力的诗人、艺术家约翰·罗斯金 (John Ruskin) 对机械生产的严厉批评，其主旨诚如他在《威尼斯之石》中指出的："只有人工制品才是人类的心灵之作，才能体现人的基本特性。如果按照机器的方式去制作人的手臂，或要求人的手指像机器那样去制作齿轮，其结果必将导致人性的丧失。"这一思想虽然没有挽回往日欧洲手工艺的辉煌，但其影响却一直持续至今。但是与以往欧洲不同的是，手工艺精神和传统在东方的中国、日本、印度和中亚地区却一直延续至今，为此作为现代设计开端的包豪斯在强调其手工艺的重要性时，也绕不开从东方的造物中获取灵感，这一点已经被越来越多的研究所表明。

当然，东方的魅力是整体的，而不是孤立的，它是对走向工业文明而越来越远离手工时代的一种反判。比如，深刻影响西方权贵阶层的"神智学"，乃是源于乌克兰人海伦娜·布拉瓦茨基（Helena Blavatsky）的印度和中国西藏的旅行体验；弗里德里希·威廉·尼采（德语：Friedrich Wilhelm Nietzsche）比罗斯金更加彻底地砸碎了旧的价值和理想观，而最简洁表达出他思想的，乃是借查拉图斯特拉（Zarathustra）之口说出的话："上帝死了！"事实上这些都归于 20 世纪以后，人们厌倦工业环境、缅怀手工时代，关注"东方"的表现形式。

　　所以，设计东方学不只研究固定在特定地理位置的东方设计，也不局限于以研究东方国家的东方设计为目标。因为每一位深谙历史是缓慢演变过程的中国人都非常清楚，作为一门学问的东方设计学，是不宜将"东方"作为孤立的、不可比较的要素，而只有将"东方性"作为特定的和有生命力的研究对象，以方法论为基础来建构具有世界普遍价值的"设计东方学"，才是客观和应有的学术态度。

　　但是，当我们抱持一种开放的新态度，在洞察东西文化的特性和共通性中，不难发现某些具有所谓"东方特点"的东西，它们或为主从关系，或为融合关系，不仅存在于东方文化，同时包含在西方文化中。因为在这个过程中无论是东方还是西方，人们处理异域知识的方法，都是将其转化到自身文化语境或本身的知识分类体系之中。所以我们不能把"东方特点"等同于中国特点，而只有证明这些"东方特点"源于中国才能将其纳入研究的范畴。尤其是现今世界为中国提供主导设计机会时，与其全力彰显中国作为东方设计大国的形象，不如多从文化的角度研究设计的东方特点——即通过深掘内涵，甄别出那些真正属于中国的东方设计，从而企及世界的普遍性价值——更具长远意义。

为此，我们不能不关注以下几个方面在设计中的潜在作用。

在时间上渐行渐远的儒道之学，反而越来越被现代设计所需要。儒学强调自省内修和追求整体和谐的道理，并从社会、文化和历史三者之间以日常生活为着眼点，解读社会结构、历史进程和个体的物质与精神再生产关系这个基本表征，正是基于世界普遍性考虑的设计东方学所需要的。它区别于西方文化中那种突出强烈自我表现的，以及试图从社会、文化和历史中抽象出设计的独立意义和价值的考虑。事实上，研究设计东方学既做不到像纯科学研究那样，主动地或者自我要求被"超越"甚至"取代"；也不至于要求像纯艺术创作那样追求不变的美学经典。它所追求的是不断变化中的恒久永驻，就像中国文化离不开儒家、道家等思想根源，我们讨论中国设计思维的东方特点，也必须立足于满足日常生活需要这个根本，只有坚持儒道互补，才能更好地解决一系列在现代设计发展中遇到的问题。

道家以无为得无不为，是为理性束缚设计创造力的解方。李约瑟说道家所说的道，不是人类社会所依循的人道，乃是宇宙运行的天道，换言之，即自然的法则，其实并不全面。《道德经》第五十一章："道生之，德畜之，物形之，势成之，是以万物莫不尊道而贵德。"在这里，老子说的生物与道所强调的思想，是一统万物的变化中的自然和永恒常在，是一种自本自根的道。它在造物设计中表现为人与技术的统一。道家中最有才华又超逸非凡的庄子，曾这样赞美尧时名匠倕："旋而盖规矩，指与物化而不以心稽，故其灵台一而不桎。"由于其造物过程是人处于忘我状态与技术演进的统一性中完成的，所以必然区别于那种单纯崇尚技术，或是把技术当作结果造成对创新的限制、妨碍。由此可见，老庄哲学不失为可资现代设计创新借鉴的一种历久弥新的设计思维。在传统观念中，技近乎道甚至是一种人生修养。

设计的情理之辩大体与儒家思想的"发于情，合乎礼"相契。对此，我们不能仅仅单一地用来形容和解释男女交往，其实孔子讲"仁"的实质，并非止于伦理道德，它还表达了观念与现实之间的关系，并具有在"止于至善"中求得圆满的意义。而通常被解释作达到极完美境界的"上善若水"，其主旨则是托物言志和抒情，意在强调人与人之间合作、交流的重要性。设计之于世界发展的重要价值和意义之一，便是借助于设计来促进世界的和谐共处和共生。

不可否认，以工艺手段为基本的东方造物，相对于科学理性的现代机械设计，具有不可言说的突出特征。它与西方传统观念中认为的，凡是知道的，就一定能言说，不能说出来的，就不是真正知道的这种说法形成了鲜明的对比。诚如匈牙利裔英国哲学家卡尔·波兰尼（Karl Polanyi）所言：我们所知道的，往往多于我们能够言说的。事实上，表达含蓄的东方式造物与表达直接的西方理性设计之间，并不是相反的关系，而是对等互补的关系。

在世界设计格局中，自省内修、整体和谐及其默会知识的特点虽然为中国设计所强调，但从中国设计走向世界的角度，我以为下列传统应当引起我们的关注：一是将技术纳入"神话

——巫术存在秩序",所谓"百工各尊其神"在中国古代青铜器、丝绸、瓷器、漆品等器物设计、生产和使用中皆有表现;二是"天人合一""寓意吉祥"题材的广泛使用和对技术自然性喜好的表现;三是在农耕文化背景下产生的地点统一性和乡愁情感束缚。作为东方文化特点,当它们面向世界的时候,其实是优势局限并存。

总之,如果在强调回归于东方文化的自省内修的同时,不接受向外发展的西方文化,并且做不到循环往复于东方和西方之间,那么这种体现东方特点的设计就会停滞不前。尤其是随着互联网的发展,人们对文化和空间差异性的重视程度不断提高,原来那种把知识看成绝对客观和普遍统一的观念,越来越多地转移聚焦在地方性知识能否普遍化的问题上来,这也使得描述地方性文化能在多大程度上避免偏见等问题引起了人们的高度关注。就像一些批评家指出的,萨义德(Edward Wadie Said)在《东方学》中对于西方的话语分析和他所宣称的西方对"东方"的话语分析,同样因为没有详细区分各自内部不同的声音而显得简单和粗暴。所以,设计需要标明"你从哪里来",而倡导设计东方学,就是在内省与提升、磨炼与开放中,显现思维与表征的东方特点,为襄助世界设计鸠工庀材。也许,当将来设计东方学被越来越多的人所熟悉、认同的时候,我们便会想起民间一句俗语:寓意总是在寓言创造之后被理解。

郑巨欣

2017 年 4 月 21 日

园　林

京都龙安寺石庭的宇宙空间及文学表述

国际日本文化研究中心／郭南燕

引　言

京都自 794 年被定为日本首都，至 1870 年代，具有千年以上的首都历史。市内古刹数百，多具庭园，已成为世界旅行者最向往的观光地。2014 年和 2015 年连续两年京都被美国《旅行和娱乐》杂志评为旅行者最喜爱城市的第一名。今日旅行者必访之地是位于京都市西北部的禅宗寺院——龙安寺石庭，距金阁寺约五百米。

石庭具有丰富的象征性、可小面积制作、易于管理的特征，在战乱的室町时代（1337—1573 年）中广受崇尚，最有代表性的便是龙安寺石庭。石庭产生的历史渊源中至少有三个要素：平安时代（794—1185 年）已存在的"枯山水"庭园制作法（以岩石、砂石、青苔、低树代表山水）；中国北宋（960—1127 年）的山水画进入日本，其"咫尺千里"的意境深受爱戴；镰仓时代（1185—1333 年）后期出现的小型山水的盆景。

　　龙安寺是由具有掌管军事及经济大权的守护大名细川胜元（1430—1473 年）于 1450 年建立，约于 1472 年焚于战火。1485 年至 1488 年胜元的儿子政元重建龙安寺。有关石庭的设计者及制作年代等信息，无文献记录，都是后世人们的猜测和传闻，有的说是胜元设计，有的说是画家和诗人相阿弥（？—1525 年）的作品。

　　据园艺史研究家重森三玲（1896—1975 年）的考证，细川胜元和相阿弥都不是此石庭的设计者，而在石庭岩石上刻有名字的"小太郎""彦二郎"是当时确实存在的园艺师，有可能是他们两人在政元重建龙安寺之后，受政元委托，制造了此石庭[1]。

　　石庭的面积约三百平方米，呈长方形（东西长 25 米，南北宽 10 米），北面紧靠禅僧起居室"方丈"，仿佛是"方丈"向外延伸的一部分。西面和南面由高 1.8 米的土墙围绕，东面是玄关（正门）。白砂铺垫的地面上，有十五块中小型岩石，列为五个组群，自东向西各为五石、二石、三石、二石、三石[2]。

　　本人于 1984 年 12 月首次造访龙安寺石庭，进入石庭时瞬间感到仿佛面对着汪洋大海，带有青苔的岩石如同海中岛屿，周围漩涡状的砂石似拍击岛屿的海浪。如此有限的空间呈现了浩瀚的宇宙空间，我的身心被强烈震撼。

　　龙安寺石庭的象征性特征难以用语言表述，古今文献中的描写都只能表现其一部分。唯有日本近代小说家志贺直哉（1883

1.　重森三玲：『日本庭園史図鑑　室町時代（二）』，東京：有光社，1938 年，39—52 頁。
2.　小野健吉：『岩波日本庭園辞典』，東京：岩波書店，2004 年。

—1971 年）的语言再现了石庭的艺术精髓。本文将梳理日本文献中对龙安寺石庭的表述，探讨视觉艺术和语言艺术的共鸣效果，从而认识对追求"宇宙空间"的日本美学理念。

一、龙安寺石庭的初期记录

龙安寺石庭最初出现在文献中是在江户时期（1600—1868年）。最初的文献恐怕是京都的儒学医生黑川道祐（？ － 1689）撰写的《嵯峨行程》（1680 年），其中提到"庭中有相阿弥置放水石之跡。"[3] 他的《东西历览记》（1681 年）中有关于石庭细节的描述："方丈庭园中有九块岩石，状如老虎带虎儿渡河，是庭园制作的楷模。据说是细川胜元自己设计，丰臣秀吉居住京都聚乐城时，曾来此院，在寺内方丈处召开诗歌会。"[4] "九块岩石"估计是指十五块中最显著的九块，其他六块较小。所谓"虎儿渡河"即把岩石的形状及位置喻为一头母虎带领两头小虎渡河。关于石庭设计者，道祐先说是相阿弥，后说是胜元，恐怕都是他的道听途说。

数年后，黑川道祐在《雍州府志卷》（1686 年）中写道："庭叠水石倭俗作假山，是谓叠水石，其石之大者九箇，是胜元之所自叠，而其布置非凡巧之所及也。故世之设假山者以是为龟

---

3. 黑川道佑:「嵯峨行程」(1680),上村觀光編『近畿遊覽誌稿』,京都:淳風房,1910 年,43 頁。『新修京都叢書』12, 京都 : 臨川書店, 1971 年初版, 1976 年再版, 43 頁。
4. 黑川道佑:『東西曆覽記』(1681),上村觀光編『近畿遊覽誌稿』,京都:淳風房,1910 年,109 頁。『新修京都叢書』12, 京都 : 臨川書店, 1971 年初版, 1976 年再版, 109 頁。

镜。"[5]从此可知，龙安寺石庭的象征性已在当时被其他庭园效仿。孤松子的《京羽二重织留》（1689 年）也写道："龙安寺位于洛西等持院的西面，其寺中假山是由细川胜元亲自布置，大石九块，左右奇势。非凡人可及，世上爱假山者以此假山为标格。"[6]

　　一个世纪后，龙安寺石庭依然是人们的向往之地。百井塘雨（？—1794 年）的《笈埃随笔》（约 1789 年）中说："洛地龙安寺叠山最初由细川胜元造就，今日筑山为东山殿同朋相阿弥之作。称为虎子渡的大岩一块，小岩三四。庭面铺满砂石，不借用树木之景，诚为绝妙之作意。"[7]这些文章中的"虎子渡"等词句，触及了石庭引发的对河川的联想。

　　根据目前被保存的文献，对其象征大海的表述，首先出现在名胜记述家、作家秋里籬岛（生卒不详）的《都林泉名胜图会》（1799 年）中。在题为"龙安寺方丈林泉"的插图中，有儒学者皆川愿（号淇园，1735—1807 年）的汉诗："一庭空旷白砂平，顽石谁铺形势成，宛似昔时渡溪虎，分衔两子泛波行。"籬岛对其石庭解释为："方丈之庭据说是相阿弥之作，被誉为京都名院中第一。庭园中无树木一株，如同海面，有

5. 黑川道佑：『雍州府志卷』（1686）『新修京都叢書』10，京都：臨川書店，1968 年初版，1976 年再版，347 頁。

6. 孤松子：『京羽二重織留』（1689 年著）卷之三，『新修京都叢書』2，京都：臨川書店，1969 年初版，1976 年再版，391 頁。

7. 百井塘雨：『笈埃隨筆』（約 1789 年）『日本隨筆大成』12，東京：吉川弘文館，1974 年，200 頁。

8. 秋裡籬島（文）、佐久間草偃、西村中和、奥文鳴（畫）『都林泉名勝図會』，大阪：河内屋喜兵衛，1799 年。『新修京都叢書』第 9 期，京都：臨川書店，1968 年初版，1976 年再版，386—387、392 頁。

奇岩十种，代表岛屿，其风流无与以伦比，世人称之为'虎子渡河'。"[8]

　　石庭所象征的海面和岛屿第一次被表述出来，并不意味着之前的人们没有意识到其意境。一百多年来，对石庭的表述从简短变为具体，从"河"发展到"海面"和"岛屿"。这个变化说明，在介绍名胜古迹时不仅需要提供视觉形象的插图，也需要有文字辅助其视觉效果。

　　进入 20 世纪后，为了日英博览会，乡土史研究家碓井小三郎（1865—1928 年）出版了京都庭园摄影集《花洛林泉贴》（1910年），其中对龙安寺石庭的摄影如此解释："此为相阿弥的优秀意匠，庭中无树木一株，呈现茫茫大海，有奇石十种，排置如岛屿，平地皆铺满白砂，宛如濑户内海。"[9] 濑户内海是位于日本三大岛本州、四国、九州之间的内海，三岛可隔海眺望。对石庭的这个比喻在后来其他文章中也常见。

　　1911 年，画家、园艺师本多锦吉郎（1851—1921 年）写道："巧置数个奇岩，庭内全铺白砂，宛如海上岛屿的风景。"[10] 十年后，历史学者、美术评论家笹川临风（1870—1949 年）的文章流露出激动之情："不种植一木一草，砂石上只放置岩石……此被拟为沧海，岩石形为岛屿，让观者逍遥于自然中，不禁感受无限之妙味。"[11] 石庭的"无限"性已经超出濑户内海的规模。

9. 碓井小三郎：『花洛林泉帖』上，京都：芸草堂，1910 年。

10. 本多锦吉郎：『日本名園図譜』，小柴英，1911 年，74 頁。

11. 笹川臨風：「京の林泉（三巴と虎児渡）」，『自然と文化との諧調』，東京：博文館，1922 年，110、112 頁。

二、志贺直哉的文学表述

志贺直哉于 1883 年生于日本宫城县石卷市，在东京成长，父亲为实业家。1906 年毕业于贵族学校学习院，后进入东京大学，但途中退学，和小说家武者小路实笃（1885—1976 年）、柳宗悦（1889—1961 年）等人于 1910 年创办了文学美术杂志《白桦》，他们被称为"白桦派"。志贺的小说多为短篇和中篇，如《到网走去》（1910 年）、《大津顺吉》（1912 年）、《清兵卫和葫芦》（1913 年）、《在城崎》（1917 年）、《和解》（1917 年）等，唯一的长篇小说是《暗夜行路》（1921—1937 年）。他的作品不多，只求质量，不在乎数量，因无须卖文谋生。他终身致力于写作、旅行、艺术欣赏，在京都和奈良生活十五年，充分沉浸在古代建筑、美术、雕刻、庭园之中，从中获得文学创作的灵感。他创造了日本近代文学中最简捷的文体，被誉为"小说之神"。他的作品在海外被翻译至二十多种语言。最早将他的作品翻译成中文的是周作人，即登载在《小说月报》（1921 年 12 卷 4 号）的《到网走去》。[12]

志贺直哉的作品对自然的观察十分仔细，描写的自然物往往使人联想到无限的自然界。他一直向往"广大无穷"的景色，觉得"只有在大自然中才能意识到自己的渺小，同时也能切身地感到自己的存在。"[13] 他的文学的主要特征便是表现自然和依靠自然而生存的人生。

---

12. 详见郭南燕：『志賀直哉で「世界文學」を読み解く』，東京：作品社，2016 年，215—226 頁。
13. 志賀直哉：「中野好夫君にした話」，『文學』20 卷 1 號，1952 年 1 月。
14. 志賀直哉：「偶感」，『女性』5 卷 1 號，1924 年 1 月。

　　志贺曾写道：“好的画、好的建筑、好的庭园、好的茶室，凡是看到好的东西，总有感动。从中得到的幸福感又很特殊……是否能给予这种幸福感，成为我衡量艺术的无意识的尺。”[14]志贺将是否能够给读者带来“幸福感”作为他的创作标准，而构成其“幸福感”的一个主要要素即是对大自然的艺术表现。因此，他看“枯山水”庭园时，关心的是大自然是怎样得到表现的。在京都观赏无邻庵庭园后，他在散文《偶感》（1924年）中写道：“我觉得岩石的置放特别有趣。大岩石被毫不吝啬地埋入地下，只将其一面在草坪中露出三四寸。这生动地模仿了大山或高原的自然景观……岩石成为大自然的一部分，这种置放法不同以往，具有独创性。”[15]

　　同一时期，志贺描绘了他观赏龙安寺石庭时的喜悦之心。他的短文随笔《龙安寺之庭》登载在杂志《女性》（1924年8月号）上，介绍了卷首照片“龙安寺相阿弥之庭”。虽然只有两页，但却深刻表达了他的感受。

　　不使用一草一木，当然不意味着庭中无一草一木。我们可以看到大海中点缀的岛屿，岛屿上繁茂郁葱的森林。将大自然凝聚在五十多坪地面中，这无疑是相阿弥可采取的唯一方法。如把桂离宫庭园作为远州的长篇杰作，那么这是更出色的短篇杰作。我还未见过如此生动而辽阔的庭院。但这庭园不能带给

15.　志賀直哉：「偶感」，『女性』5卷1號，1924年1月。
16.　志賀直哉「龍安寺の庭」，『女性』6卷2號，1924年8月，140—141頁。（1坪 ≈ 3.3平方米）

我日常享乐感，因为其高度的严谨性超越了享乐感，使我的精
神处于不可思议的欣喜雀跃。[16]

　　志贺用简洁的语言，把石庭的巨大象征性以及观赏者因此
而得到的精神升华表现出来了。这是志贺文章之前之后都不曾
有过的表述。"短篇杰作"也正是志贺文学的目标。对他来说，
与其在大面积土地上置放很多东西（长篇），还不如像龙安寺石
庭那样充分使用语言的暗示性和表述的简练性。他一生中只写
了一本长篇小说，也与此艺术理念有关。

　　刊登此文的《女性》属于当时思想、评论、文艺类的杂
志[17]，发行量是两万五千册，是当时最流行杂志《主妇之友》
的十分之一。[18]志贺的短文随笔使得龙安寺石庭闻名。如物理
学家、古寺调查者中村清二（1869—1960 年）所写："最近川
端龙子以此庭园为题材作画，志贺直哉又收载其大著于《座
右宝》之中，因而立刻唤起世人瞩目，造访者突增。"[19]

　　按时间顺序说，1924 年 8 月志贺的《龙安寺之庭》登载在杂
志《女性》上，9 月 2 日—29 日的第 11 届日本美术院展览会上展
出川端龙子（1885—1966 年）的屏风画《大蛇龙安寺石》（四曲一

17. 浜崎廣：『女性誌の源流』，東京：出版ニュース社，2004 年，189—190 頁。
18. 『新聞雜志社特秘調査』（大正出版株式会社，1979 年），近代女性文化史研究會：
『大正期の女性雑誌』，東京：大空社，1996 年，8 頁。
19. 中村清二：「龍安寺の蜥蜴」，『庭園と風景』9 巻 6 号，1927 年 6 月，122 頁。
20. 朝日新聞社編：『院展』（第十一回），大阪：大阪朝日新聞社，1924 年 9 月 13 日。
21. 「三年がゝりの古美術あさり志賀直哉氏が『座右寶』をまとめるまで」，『東京
朝日新聞』，1926 年 3 月 28 日，6 頁。

双）[20]。然后的 1926 年 3 月 26 日—30 日，志贺在东京的书店"丸善"楼上举办了他喜爱的京都和奈良的美术摄影展，其中有绘画和画卷（65 种）、佛像雕刻（58 种）、庭园建筑（28 种）[21] 等多类作品，同时又出版了他编辑的摄影集《座右宝》（共三册）[22]，龙安寺石庭的照片放在"庭园建筑"章节中，但没有解说文。

　　志贺的随笔、美术摄影展、摄影集及川端龙子的画对于提高龙安寺石庭的社会认知度起到了积极作用。志贺的随笔出版后不久，1924 年 12 月 9 日京都市正式指定龙安寺方丈庭园为"史迹名胜天然纪念物"，指定的理由是"本园构造出乎意外，水如海河，岩石如岛礁……其境界之齐清、洁劲、高尚稀有，此庭园所表现的内涵应尊重。"[23] 京都市的决定是否受到志贺随笔的影响，难以论证。京都市同时指定的其他庭园也都以象征性著称，龙安寺可推首位。

三、其他文人的文学描写

　　为了同志贺直哉的短文随笔进行比较，以下列出继志贺之后对石庭的部分描述，以便充分认识志贺文学的洞察力和表现力。

　　画家川端龙子写道："宛如点缀在濑户内海的群岛，成为自

22.　志贺直哉编、桥本基编集责任，大塚稔撮影：『座右宝』3 册（建筑及庭园の部，雕刻の部、绘画の部），东京：座右宝刊行会，1926 年。

23.　内务省编：『指定庭园调查报告』第 1 辑（京都府），内务省，1928 年，32 页。同年指定：大德寺方丈庭园、真珠庵庭园、大仙院书庭园、孤蓬庵庭园。前年指定：平等院庭园、大泽池附名古曽泷址、南禅院庭园、西芳寺庭园、天龙寺庭园。

24.　川端龙子：「龙安寺の庭」，『芸术』2 卷 14 号，1924 年 9 月，6 页。

然的缩影，这种主观性的造庭法同我的主观绘画的理念吻合，我便决定画此石庭。"[24] 美术评论家胁本乐之轩（1883—1963 年）也认为川端的屏风画表现了石庭是"破天荒的想象力和极为简练的趣味而产生的京洛名院中的一杰作"。[25] 史学家斋藤隆三（1875—1961 年）认为："在不足数十步的小庭园中只铺满白砂和置放岩石数块，其意匠之妙，配置之巧，使观者感到大海之广漠。"[26] 俳句诗人三宅清三郎称赞道："使用平凡无价值的岩石，只在布局关系上追求价值的表现，从而达到最高的自由无碍的艺术境界。"[27]

　　造园家、园艺史学者重森三玲多次论述龙安寺石庭，如："线的关系、岩石间的关系、直线和斜线的交错都完美呈现了大海中的岛屿之意境，使人深感幽玄之意和象征性。"[28] "本庭园可使人产生各种无限联想，这才是此艺术的杰出性。世上不存在可与龙安寺石庭媲美的石庭。"[29]

　　作家室生犀星（1889—1962 年）也多次提及石庭。在《京洛日记》中他写道："此园为石庭冠军，数次观望后，岩石间的宁静感越发加深。"[30] 他在诗歌《龙安寺的岩石》中的第四段吟诵道：

　　　　我最终被无数岩石遮拦，

25.　脇本樂之軒：「龍子の龍安泉石」，『芸術』2 卷 14 號，1924 年 9 月，6 頁。

26.　齋藤隆三：『古社寺をたづねて：趣味の旅』，東京：博文館，1926 年，132 頁。

27.　三宅清三郎：「龍安寺泉石」，『ホトトギス』30 卷 10 號，1927 年 7 月，25 頁。

28.　重森三玲：『寺院の庭園』，東京：東方書院，1933 年，122—123 頁。

29.　重森三玲、重森完途：『日本庭園史大系　室町の庭（三）』，東京：社會思想社，1971 年，81 頁。

30.　室生犀星：『文芸林泉：随筆集』，中央公論社，1934 年，9—10 頁。

岩石们愤怒发光，

岩石们宁静无声，

岩石们呼喊而立，

啊，岩石们想飞回天空。[31]

　　犀星的描述充满"喻人化"，略有喧嚣感。而《今样歌》（流行诗）则写道："不足十方壶庭，可见汪洋大海，不添树木是相阿弥，去除杂草归功历代住持。"[32] 住持们的长年辛苦恐怕是大多数人未关注到的吧。

　　造园家、园艺史家江山正美（1906—1978 年）认为"石庭设计家脱离写实，感受了自然的内在性……从而能够在数百平方米的空地上造就大自然……这是东亚美术的至高境界。"[33] 文人土田杏村（1891—1934 年）指出"同龙安寺的建筑和庭院的面积相比，此岩石不仅很小，而且数目极少。但仅以白砂之面呈现出汪洋大海。"[34] 美术研究家广隆群看到"在东西南边用土墙围拢，使之同周围自然完全断绝，土墙所隔出的矩形世界保存了'无'的纯粹性。"[35] 园艺师斋藤忠一探讨龙安寺石庭的十五块岩石属

31.　室生犀星：『印刷庭苑：犀星随筆集』，東京：竹村書房，1936 年，270—271 頁。

32.　井上通泰：『今樣歌』2 編，第一集，石野観山，1936 年，25 頁。

33.　江山正美：「対數的均齐による龍安寺庭園の構成に就て」，『造園雜志』2 卷 2 號，1935 年 7 月，101、113—114 頁。

34.　土田杏村：「龍寺の庭」，『文學と情感』，東京：第一書房，1933 年，216 頁。

35.　広隆群：『美の精神』，東京：建設社出版部，1941 年，92—93 頁。

36.　齋藤忠一著、光永隆繪圖：『図解日本の庭：石組に見る日本庭園史』，東京：東京リスマチック株式會社，1999 年，217—222 頁。

于"七五三"组合,是来自中国阴阳五行,即阴阳相融,生命诞生,森罗万象形成,为天地自然之理,"此石庭显示的就是这宇宙空间。"[36] 园艺研究家吉河功认为"七五三"岩石组合是"日本庭园中最简单明了的主题,有高度内涵……其空间结构之美与禅宗墨迹有共通处,是精神内容高尚的庭园。"[37]

小说家井上靖(1907—1991 年)年轻时在短诗"石庭"中写道:"凝视否定草、木、青苔的冰冷岩石,那精神是惆怅……在此地,人们总是感到烦恼的渺小,得到安慰和温暖,并抱有石庭很美的错觉。"[38] 画家、作家池田满寿夫(1934—1997 年)从石庭中感到了"气","也许是人的气氛,也许是海浪声,岩石们有了生命。"[39]

各家描述都和志贺的感受有相似处,只有志贺提到庭园的"生动而辽阔",观赏者精神上的"不可思议的欣喜雀跃"。他不仅把握住了石庭的艺术精髓,同时也点明了其留给观赏者不可磨灭的动态痕迹。这篇短文也是志贺文学的精华之一。

四、抽象性

志贺认为龙安寺石庭"高度的严谨性超越了享乐感",其意味着岩石的象征性完全依靠其排列之严谨。他的直觉已被最近

---

37. 吉河功:『詳解日本庭園図説』,東京:有明書房,1973 年初版,1975 年再版,82 頁。

38. 井上靖:『龍安寺の石庭』,監修井上靖、千宗室、撮影西川孟『龍安寺枯山水の海』,東京:第一アートセンター,1989 年,49 頁。

39. 池田満壽夫:『生きている石』,監修井上靖、千宗室、撮影西川孟『龍安寺枯山水の海』,東京:第一アートセンター,1989 年,58 頁。

的研究证实。研究者调查了石庭观赏者的视线移动，得出以下结论："岩石的排列非常奇妙，仿佛漫不经心，其实和周围很和谐。反之，如略变其位置，其和谐马上被失去。石庭设计保证了其微妙的平衡关系……周密结构使设计者的意图在无意中得到理解，达到了设计者期望的最大视觉效果。"[40]

　　志贺感到了龙安寺石庭和他追求的文学境界相同，即以最少文字，引发出读者最大想象力，他对每个字句的一丝不苟也如同石庭布局的严谨。俳句诗人荻原井泉水（1884—1976年）认为龙安寺石庭"同近代欧洲表现派有相通之处"[41]。熟悉近代绘画的志贺是否有同样感触，难以确定。当志贺决定不注重故事情节，而是通过日常生活小景来表现自然和人生时，他的文学却不易被读者接受了。他说："我们的小说逐渐离开了普通的情节性……在绘画方面，抽象性被捧得很高。但在小说方面，读者仍然喜欢老式的情节性"[42]。没有写实性和故事性的绘画广受欢迎，而缺乏故事性的小说则不受青睐。志贺对读者只追求故事性的阅读方法抱有不满。志贺曾说中国志怪小说《聊斋志异》"读时很有趣，但读完后，没有留下任何东西，它缺乏成为真正文学的要素"[43]。这恐怕是因为此小说专注于情节，而没有留下精神上的美感。

40.　蔡東生、望月茂徳、淺井信吉：「龍安寺石庭に秘められた"メッセージ"の謎」，『情報處理學會研究報告』Vol. 2012, CH-94, No. 2, 6—7 頁。

41.　荻原井泉水：『京洛小品』，東京：創元社，1929 年，110 頁。

42.　「小說について」（原題「あの人に會いたい、志賀直哉」NHK 放送，1950 年 5 月 24 日），『志賀直哉対話集』，東京：大和書房，1969 年，307 頁。

43.　志賀直哉：「中野好夫君にした話」，『文學』20 卷 1 号，1952 年 1 月。

小说家、俳句诗人滝井孝作（1894—1984 年）说"志贺的创作方法不同于一般的小说，他抛弃了不高尚及靠情节吸引人的写法。他追求的是如同诗歌和绘画一般的纯粹美，从而可提高作者和读者的精神境界。"[44] 志贺超越写实性和情节，以自然风景和日常生活的素描方式来象征自然和人生。这可能同他从龙安寺石庭上得到的启示有关。

志贺是一个不追求知名度的作家，他曾说奈良法隆寺的"梦殿观音像"的作者是谁根本不重要，优秀艺术品是不需要作者姓名的。他期待的是作品的永恒性，而不是作者的闻名度。重森三玲也写道："园艺师不是为了出名而创造庭园的，崇高的艺术家只希望作品流芳，而往往抹去自己的姓名……日本庭园的作者几乎都不留名，凡是能够找到作者的，都不是了不起的作品。"[45]

五、结语

龙安寺石庭呈现的抽象性和简洁性造就了其超越时空的艺术力量，成为世界性的艺术品。志贺直哉的短文如实表述了石庭的艺术性。最好的石庭得到了最有洞察力的文字语言来表达，这是视觉艺术和文字艺术的共鸣。两者的存在使我们看到日本美学中对脱离世俗的"无限"的追求。

---

44. 滝井孝作：「志賀さんの文學」(『群像』11 巻 5 號，1956 年 5 月)，『滝井孝作全集』8，東京：中央公論社，1979 年，327 頁。

45. 重森三玲、重森完途：『日本庭園史大系・室町の庭（三）』，東京：社會思想社，1971 年，84 頁。

北宋园林中的"江南"观念

浙江树人大学／何晓静

引　言

　　世界古典园林以地域性特质作为划分依据，分为三大体系，分别是：欧洲古典园林体系、西亚古典园林体系和东亚古典园林体系[1]。现在看来，东亚古典园林体系虽以中国古典园林为核心，但都是朝着本国各自文化路线发展并各具特色。一个体系之所以能成为一个体系，它在形成之初，应是有一个强大的母体文化作为其产生的背景。毋庸置疑，这便是中国唐宋时期发展起来，并对外繁衍扩张的佛教文化。首先是体现在政治、经济上的影响力，而后即对各种文化产生渗透影响。东亚古典园林文化的体系在这一大背景下产生和发展。中国古典园林文化先对古代朝鲜半岛产生影响，继而传渡至日本，在日本及朝鲜半岛，都经历了全盘吸收再到各自内化发展的过程。

　　从地理学上讲，我们称这一体系为东亚古典园林体系，但

1.　张十庆:《作庭记》，东南大学建筑研究所，天津大学出版社，2004年，第14页。

当把它作为一种文化进行叙述时，此名称的局限性就不言而喻了。本文认为以"东方园林"为名，更可代表一种文化类型，这里的"东方"不仅指明了地理方位，它更是一种以"主体"角度来论述一直以来被客体化的"东方"概念的姿态。

作为源头的唐、宋园林，在中国已完全没有实体存在，甚至连系统的文字叙述也是寥寥。这种资料的缺乏对研究中国唐宋时期的园林造成了极大的困难，同样也造成了世界园林体系中"东方园林"研究部分的缺失。

因此，本文以北宋园林中"江南"观念的形成和发展为研究对象，是希望使其成为"东方园林"源头性研究的构成部分，对东方园林形成和发展及其对当今园林体系的影响作研究论证。唐代虽国力强大，但对园林的记述却极有限，更别说以"江南"为一类型的园林；南宋园林文化之于东亚地区的影响也渐微，而北宋恰处于一种典型强势文化影响转弱的过渡时期，那时所存留的文本材料翔实，同时也有实体对照条件，如在日本还保存有平安晚期模仿北宋时期的园林造景。本文意在对当时园林所出现的特征和细节进行追问论证，在对特定时期的变化做出解释的同时，或许也映射出这个时代文化变化的特点。

一、关于江南园林

"江南园林"这个概念国人耳熟能详。通常以其在地理上区别于北方园林；服务对象上区别于皇家园林，而并无具体的时间和类型定论。童寯先生在《江南园林志》中写道："自宋以后，江南园林之朴雅作风，已随花石纲而北矣。"[2]童先生在此所说的"江南园林"，主要针对源自于宋徽宗在营造艮岳寿山石时，从苏浙等地所运送太湖石为叠石造园的主要材料而言。而宋代"江南园林"是否有其具体的概念和造园手法，是否有明确的地理或特征指向呢？

童先生也并未对"江南园林"给出明确的定义，只在其书"现况"条中说道："南宋以来，园林之胜，首推四州，即湖、杭、苏、扬也。而以湖州、杭州为尤。"文中所提四地即是传统意义上"江南"地区的核心。而作为南宋国都的杭州具有极大条件发展成为造园的主要场所，根据《南宋古迹考》里所载园林统计，皇家园林占有西湖周边总园林数的四分之一之多，因而在对于"江南"园林的叙述中，这是不可忽视的一大部分。很多时候，研究"江南园林"的学者们会把关于皇家园林的研究排除在外，但是本文认为南宋的皇家园林在"江南"园林观念形成之初，因其自上而下的影响力和绝对数量上的优势，并不可排除在"江南"园林范围之外。例如，在北宋"江南"地区园林营造中并不见"射圃"之描述，而至南宋，除皇家园林外原属于"皇家"招待所用之构筑也常在各私家园林中出现。但是本文在此的讨论仅限定在北宋时期，至于南宋时期"江南"园林的发展、演变，将作为另一个议题呈现。北宋时期，"江南园林"属于概念产生的初期，是一个不稳定的意象，尤其在剧烈的朝代更替的历史环境里。

---

2. 童寯：《江南园林志》，中国建筑工业出版社，1984年，第12页。

　　关于"江南"这个概念，学界有过很多讨论。"江南"首先是一个地域性概念，早期与"江北""中原"等概念区分、对立，范围较为模糊。尔后，由于行政区域的划分而具有较为明确的范围，即以唐贞观年间设置"江南道"为始，"江南道"的辖境包括今浙江、福建、江西、湖南全部及江苏、安徽、湖北南部、四川东南部、贵州东北部等地区。"江南"便有了更广泛的经济及文化上的属性。周振鹤先生认为，"江南不但是一个地域概念——这一概念随着人们对地理知识的扩大而变易，而且还具有经济含义——代表一个先进的经济区，同时又是一个文化概念——透视出一个文化发达的范围"。[3] 在中国古典园林研究领域，"江南"这个概念多是用于明代以苏州为中心的苏湖地区的园林研究。汉宝德将中国古典园林史分为四个时期，其中南宋至明末的五百年称为"江南时代"[4]。

　　南宋之前的文化中心在以开封为首的北方，而赵宋南渡使得整个中华文化的中心南移，少数民族统治也使得原来汉民族文化对北方地区的文化影响戛然而止。从此时直至明末，"江南"不再是地域性的概念，更多的是一个主流文化的概念。据记载，在元代政局不稳定的情况下，北方园林建设基本停滞，而"江南"地区园林有四十多处的记载，其造园的时间密度远远高于宋代。江南园林作为一种文化，从形成延续至后世，并未因朝代更替而突然断裂，而是绵延不绝，偶有变化。周维权先生也指出，"江南的私家园林遂成为中国古典园林后期发展史上的一个高峰，代

3.　周振鹤：《释江南》，三联书店，1996 年，第 334 页。
4.　汉宝德：《物象与心境：中国的园林》，生活·读书·新知三联书店，2014 年，第 130 页。

表着中国风景式园林艺术的最高水平。北京地区以及其他地区的园林，甚至皇家园林，都在不同程度上受到它的影响"[5]。

　　但较为明确的是，北宋时期江南地区的园林，在还未受宋室南迁影响的情况下，并不能成为一个主流的审美意象。关于江南地区的园林记载并未有系统论述，而是零星散落在宋人笔记里。宋室南迁，以杭州为中心，苏州、嘉兴、湖州等地同时发展，才使"江南"园林作为一种特有的主流园林意象发展。马克思曾指出："统治阶级的思想在每一时代都是占统治地位的。这就是说，社会上占统治地位的物质力量，同时也是社会上占统治地位的精神力量。"[6]但是，话虽如此，上层文化与下层文化，北方造园和南方造园有绝对的隔膜，它们间的关系是复杂多变的，通过渗透和影响，也可能会相互交融。包伟民在《宋代城市研究》中说道："以实用主义为主要特征的中国传统上层文化从来就不是一个封闭体系，它从其他文化吸纳新鲜成分——包括基层社会，这种现象古已有之，并非两宋而然。"[7]北宋时期"江南"地区的园林文化也是如此。

二、南、北宋园林研究的现状

　　目前学界对于南、北宋园林的研究有如下几种情况：第一

5.　周维权：《中国古典园林史（第二版）》，清华大学出版社，1999年，第257页。
6.　中共中央马克思恩格斯列宁斯大林著作编译局编译：《马克思恩格斯全集》第3卷，人民出版社，1995年，第52页。
7.　包伟民：《宋代城市研究》，中华书局，2014年，第350页。

种是把南、北宋园林作为一个整体，研究其在中国古典园林发展史中的地位。此类著述有以周维权《中国古典园林史》为代表的通史类著述。1988 年，日本冈大路的著作《中国宫苑园林史考》依据明人李濂著《汴京遗迹志》对两宋园林也做了叙述，同时提出了南北宋园林中的不同营造手法和意境，但仅提及，并未作进一步的扩展研究。汉宝德先生在《物象与心境：中国的园林》中把南宋至明末五百年称为园林的"江南时代"，这是一全新的论言，不仅从时代和地理学上区分了南、北宋园林，更是开启了审视中国古典园林的新视角。

第二种是分述南、北宋园林的特征及各自的发展路径。北宋园林研究的内容主要集中在对开封皇家园林的介绍和考证上，涉及部分对洛阳私家园林的研究。此类著述有 1983 年周宝珠发表的论文《北宋东京的园林与绿化》；1983 年，刘益安的《北宋开封园囿的考察》；2004 年，秦宛宛的《北宋东京皇家园林艺术研究》。还有从旅游和景观设计的角度对东京园林进行论述的，如 2006 年常卫锋的《北宋东京园林景观与游园活动研究》。

南宋园林的研究，也以南宋临安的皇家园林和私家园林的案例研究分析为主。关于南宋园林研究由 2002 年傅伯星和胡安森合著的《南宋皇城探秘》开始，虽研究的主要是南宋皇城，但从研究南宋园林发展的城市背景来看，也具有拓荒之功。2006 年苏州大学罗燕萍的博士论文《宋词与园林》，2007 年上海师范大学中国古代文学专业徐燕的硕士论文《南宋临安私家园林考》，2014 年江南大学中国古代文学专业的张媛《宋代私家园林记研究》，分别从宋词、私家园林考据、园林笔记研究的角度，对南宋杭州的私家园林进行了专门的研究，也为本文研究提供了可参照的两宋园林文献典籍检索信息。2004 年暨南大学张劲的博士论文《两宋开封临安皇城宫苑研究》，对两宋皇家苑囿的情况都有论述，是本文重要的文献依据，但其未对二者做相应的对比研究。

第三种是以专题的视角，如叠石、理水、花木等作为园林研究的切入点。1997 年北京林业大学朱育帆博士论文《艮岳现象研究》中，对宋代皇家园林的艮岳进行了复原研究，是具有较高参考价值的宋代专题性园林研究成果。2009 年中央美术学院赵惠的博士论文《宋代室内意象研究》以室内意象为出发点，论及园林之于室内的影响，从而梳理了宋代园林各时期的特征。2012 年华中师范大学历史文献学专业张文娟的硕士论文《宋代花卉文献研究》对花卉文献做了详实的考据，并就园林的花卉栽种进行了描述，文中所用花卉材料可做园林研究的补充材料。此外系统地从"江南园林"的观念产生为视角，对南、北宋进行论述和对比研究的著作并不多见。

三、北宋时期的"江南"园林图景

江南的园林营造始自六朝时期，实在有一段悠久的历史。然而早期的江南，处于文化的边陲，在园林营造方面并没有显著的特色。有唐一代，中原文化鼎盛，洛阳、长安之园林君临天下，当时江南一带也无有关的园林记录。"迨唐衰，中原板荡，文物大受摧残，江浙一带因南唐李氏与越王钱氏自保，得偏安之局，始有园林之经营。然至北宋时，其园林仍不见有显著之特色。"[8] 因此，在北宋时期，"江南"园林与其说是一种实际的园林存在形式，不如说它是一种具有象征意义的存在，它的存在是当时文人向往山水的投射。虽然北宋江南并无特别典型的造园典范，但已具有了独特的形式和元素，同时又从各方面影响着以洛阳、开封为代表的北宋江南园林构成。

1. "江南"作为一种山水象征意义的存在

北宋之前，诗文中的江南自然山水形态早已是人所周知的图景。造园以仿江南山水意象在宋之前已是常见，唐·白居易的《冷泉亭记》首先称东南山水以"余杭郡为最"。白氏的说法是：

> 春之日，吾爱其草熏熏，木欣欣，可以道和纳粹，畅人血气。夏之夜，吾爱其泉渟渟，风泠泠，可以蠲烦析酲，起人心情。山树为盖，岩石为屏，云从栋生，水与阶平。坐而玩之者，可濯足于床下；卧而狎之者，可垂钓于枕上。[9]

以四时为序，从自然的"草""木""泉""风"角度描绘余杭郡的自然环境，又以建筑中的构筑元素"盖""屏""栋""阶"叙述了人造物与自然和谐相生的关系。"濯足于床下""垂钓于枕上"虽然是诗词创作中艺术化的处理方式，但人与自然亲密相处，人造环境与场所交融的景况却并非虚夸，而是经由营造

8. 汉宝德：《物象与心境：中国的园林》，生活·读书·新知三联书店，2014年，第132页。

9. 白居易：《白居易全集》卷四三，参见《西湖文献集成》第14册，杭州出版社，2004年，第7页。

便可达的境界。

　　至宋代，相关江南风光的诗文更是层出不穷，尤以几位大文豪的影响为甚。欧阳修的《有美堂记》对当时的杭州即"钱塘"有如下描述："若乃四方之所聚，百货之所交，物盛人众，为一都会而又能兼有山水之美以资富贵之娱者，惟金陵、钱塘。"而后因政局动荡，与"钱唐"同享盛名的"金陵"逐渐"见诛"，城内便"颓垣断壁、荒烟野草。"由于钱王的"纳土归宋"使得"钱塘"免此一劫，从而踞江南一带经济文化之首，城内也是一派"邑屋华丽，盖十余万家。环以湖山，左右映带"的局面，也因此广泛地吸引各方宾客来此游历，休养，"喜占形胜"并"治亭榭"[10]以居。

　　苏轼承袭欧阳修甚爱山水之志。但他所表现的不再只是"占形胜""修亭榭"，而是以更广博的胸怀意象化江南山水，使其成为"几案间一物"。在纪念欧阳文忠公的《六一泉铭》上有言："公麾斥八极，何所不至，虽江山之胜，莫适为主，而起立秀绝之气，常为能文哲用，故吾以谓西湖盖公几案间一物耳。"虽抒写文忠公之志，但何尝不是自己情怀的表达？山水能为"文哲"所用，才是山水之志，西湖虽为自然之物，但更是直抒胸臆的对象。

　　而苏公之后人亦承苏公之志，晁补之仿曹植《七发》《七启》，作《七述》，开篇就说："予尝获侍于苏公，苏公为予道杭州之山川人物，雄秀奇丽，夸靡饶阜，名不能殚者。……述公之言

10.　欧阳修:《居士集》,参见《西湖文献集成》第 14 册,杭州出版社,2004 年,第 9 页。

而非作业。"[11] 以苏轼之言道尽杭州之美。在论及对于宫室园林的营造时，他写道：

> 杭，吴越之大都也。宫室之丽，犹有存者。其始也，削山填谷，叩石垦路，蹶林诛樾，擢筱移竹，旋缘阿丘，凭附隗隒。……上据百尺之巅，下俯亿寻之津。双阙高张，复临康庄，门开房达，乍阴乍阳。中则复殿重楼，砂版金钩，卑高俯仰，上下明幽，峥嵘截嶭，鼎峙林列，吞云吐雾，亏见日月，宏规伟度，古旷今绝。旁则曲台深闱，碧槛朱扉，鳞差阈限，奕布棣题。[12]

这是一个完整的园林书写，描述了整体环境以及人为改造后的景观，虽无直接的构园叙述，但我们可从行文中知晓其宫室所附有的园林景象。"重楼""曲台"存在于"百尺之巅""亿寻之津"的环境里，给人宛如灵台仙苑般的想象；而西湖景观是一个人兽同乐的理想环境，并表达了一种"风衫尘袂，京洛何求"的避世情怀：

> 西湖之深，北山之幽，可舫可舟，可巢可楼。与鸥鸟居，与鹿豕游。鱼蓑山屐，烟雨悠悠。寂寥长往，可以忘忧。风衫尘袂，京洛何求。不如西湖滨，不如北山阿。白苹绿芰，紫柏青萝。[13]

---

11. 丁丙辑：《武林掌故丛编》第三集，参见《西湖文献集成》第 14 册，杭州出版社，2004 年，第 54 页。
12. 同上。
13. 同上。

骈文的浮夸形式，虽不完全合适用来分析、描绘山水或园林的形态，但足以证明江南景致在文人心中的地位。

2."江南"作为归隐依托的存在

北宋时期江浙地区所造园林多为隐退官员修身养性之所。他们或因被谪贬转而寄情山水，或主动归隐为养亲。苏舜钦被贬而游历山水间，定居之时，为了使居所能避暑气、养心性而构园亭于所居之侧。其记《沧浪亭记》载："予以罪废无所归，扁舟南游，旅于吴中，始僦舍以处。"[14] 以其被贬黜的心态而朝南游历，江南之地是仕途不顺之文人避世的首选，"江南"作为归隐的形象被固化而开始具有了象征意义。

沈括在《梦溪自记》里描述了自己在润州（镇江）所营园居。他以梦为名，表明了自己虽被罢黜，辗转所致，恰是去到了自己心之所念的梦中之地，他写道"恍然梦中所游之地"，所以给其园取名为"梦溪园"。

仕途沉浮，而文章长存，江南一带因其地理环境偏安于一地，也成为文人雅集兴盛之地。沈括同时期在其《平山堂记》里记到欧阳修营造"平山堂"，以园林迎四方名士，但雅集的原因"不在于堂榭之间，而以其为欧阳公之所为也"。如此表明，堂榭的构建虽以游赏为名，实际上也有更高的志趣上的追求和向往。清代的汪懋麟也写过关于"平山堂"的雅集，其《重建平山堂记》记载："扬自六代以来，宫观楼阁，池亭台榭之名，盛称于郡籍者，莫可数计，而今罕有存者矣。地无高山深谷，

14.　《全宋文》第四十一册，卷八七八，第83—84页。

惟西北冈阜蜿蜒，陂塘环映。冈上有堂，欧阳文忠公守郡时所创立。后人爱之，传五百年，屹然不废。"据记"江南"一带园林营造不可计数，但前代园林"今罕有存者"，而欧阳修的园林却是"传五百年，屹然不废"。可见山水的环境优美固然重要，而影响更大的则是所传承的精神。

"回乡养亲"也是"江南"园林主要功用。朱长文《乐圃记》载，庆历年间，朱母购得宅地，为其"先大父"或"叔父"游其间，学其间。而后，他本人又扩增其地，"以为先大父归老"之地。但是，"亲年不待"，所营之园后为己所居，成为自己追思圣人，遥寄山水之处。园林生活追求的是"不苟于世"，"或渔，或筑，或农，或圃，劳乃形，逸乃心，友沮、溺，肩绮、季，追严、郑，躐陶、白。"[15]

"江南"在文人心里不仅是一个追思的乐园，非隐逸或罢黜而不能得之，对于"江南"的向往在具体的园林构建上也有相应的形式产生。具体表现有，在造园时借景"江南"，构筑江南意象，或使用江南一带盛产的花木、树石。北宋园记中就不乏"江南之奇花异木""江南奇石"之记载。

3. 以"江南"作为场所意象的园林构成

陈均在《皇朝编年纲目备要》里说到京洛"园囿皆效江浙"[16]。此种"效"法，以在形式和构成元素上的仿造和借用为主。较为典型的方式是以一种远离庙堂的姿态，崇尚山水环境，并使

---

15. 《全宋文》第九十三册，卷二〇二五，第 160—162 页。

16. 陈均：《皇朝编年纲目备要》，中华书局，2006 年。

用江南地区的建筑造园材料。而"江南"的观念从一种意识形态转移到了物质可寻的状态。

首先，以"江南"为首的追求质朴风格的文人园林兴起。

北宋之前的园林，虽说承继了六朝田园思想的志趣，时有结合田园的构筑形式的尝试，但是构筑园林的行为仍然是财富和地位的象征，仅存在于小部分贵族、仕宦群体里。而北宋江南一带的园林因其地理上的偏安，政治上的宽松，真正成为了归隐养亲的场所，园林规模开始缩小，并开始追求质朴的风格。首先表现在园林的选址上，"江南"一带园林的选址不再是"斥千金"而求一地了，有一种较为有趣的现象是，文人的园林都选择了原来钱氏皇族或后裔的废弃之地。如前文所提及的朱长文"乐圃"的园基，就曾是钱氏后人居所，归宋后分割为民居，朱长文购买时，原有奢华的园林营造早已不存。苏舜钦的"沧浪亭"园基原也是钱氏后人之废地，其《沧浪亭记》写道："……有弃地，……访诸旧老，云钱氏有国，近戚孙承祐之池馆也。"这种选择"弃地"造园的行为不仅有承袭前人造园之志的意向，其实价格适宜才是考虑的重点。

北宋文人这样的构园行为少了许多侈靡之态，兴起了一股"节俭"之风。司马光在其《独乐园记》里载："叟所乐者，薄陋鄙野，皆世之所弃也。"而独乐园也仅"二十亩"，远远小于当时其他仕宦园林所需要的面积。"江南"一带此风尤甚。

其次，产于"江南"的太湖石成为园林造景的主要元素。

我们现在所见的江南园林里的叠石艺术极为丰富，有以单块石为独立造型来欣赏的，有以奇石组合为境的，还有叠众石为洞穴的做法。但在北宋之前最常见的是堆土为山，以石点缀的做法。汉代袁广汉园"构石为山，高十余丈"[17]。因为没有更多的描述材料，我们无法判断此时的"构石"是纯粹以石叠成，还是先堆土构山，再以石点缀。据记载的"山有寸肤石，落猿岩、栖龙岫"之梁园所能呈现的石头形态也已经很丰富了。入唐以后，堆山置石的技术有了极大进步，构筑假山开始盛行，而另一方面，开始有了关于从太湖湖底采取水蚀的石料置于园林之中的记载。唐李德裕营造平泉庄所记《平泉山居戒子孙记》中提到："于龙门之西，得乔处士故居。……又得江南珍木奇石，列于庭际。"[18]此时江南就以盛产"珍木""奇石"闻名。而从文中或也可知，它们的设置方式以"列置"为主。

　　而后，白居易为牛僧孺的园第所作《太湖石记》，以"太湖石"为名为其园作记。这是一篇对于湖石构园非常精彩的论述，描述了丞相奇章公爱石，唯此不廉让。他的吏僚搜索各方奇石以敬之。当时爱石之人稀少，人们对于石头的欣赏都是不解而"皆怪之"。但白居易认为石虽"无文、无声、无臭无味"，却能"苟适吾志"；石虽小，也能以"百仞一拳，千里一仞"的姿态微缩宇宙间的景观。这便是喜爱所产生最纯粹的原因。奇章公把所得之石安置于自己东边宅第南侧的园林内，以供游息之赏。此时石头已有等级品相之分。白居易载："太湖为甲，罗浮、天竺之石次焉"。太湖石在那时便是最上等的石材。"罗湖"即今天

---

17. 转引自冈大路：《中国宫苑园林史考》，瀛生译，学苑出版社，2008，第114页。
18. 转引自童儁：《江南园林志》，中国建筑工业出版社，1984年，第15页。

的广东岭南地区的罗山和浮山之合称，在唐时，岭南地区亦属于江南道。而"天竺"在唐时所指为印度半岛。此记所载的三种石头，两种就出产于江南地区，可见当时江南地区盛产园石，太湖石作为原产地形象名声渐大，也成为后世理解"江南"园林意象的一个重要特征。

记中关于石头形态的描述极具场景感：

> 有盘拗秀出如灵邱鲜云者，有端俨挺立如真官吏人者，有绅润削成如珪瓒者，有廉棱锐刿如剑戟者。又有如虬如凤，若跧若动，将翔将踊，如鬼如兽，若行若骤，将攫将斗。风烈雨晦之夕，洞穴开眬，若欲云歘雷，嶷嶷然有可望而畏之者。烟消影丽之旦，岩墇霾霴，若拂岚扑黛，蔼蔼然有可狎而翫之者。昏晓之交，名状不可。[19]

石头在不同的气候、时段，不同欣赏角度所呈现出来的不同形态，如"风烈雨晦之夕""烟消影丽之旦""昏晓之交"等时间的不同；如"盘拗""端严""绅润""廉棱锐刿"等状态的不同；如"立""削"等处理方式的不同。

时至北宋，费衮的《梁谿漫志》记载了米芾爱石，拜石称兄的事迹。米芾任濡须（今安徽无为县）太守时，听闻河边地上发现有怪石，便命人送至州治以鉴赏。而当石送达时，米芾

19.　李昉等编：《文苑英华》卷八百二十九。

便惊诧于其形态而"拜于亭下"称"吾欲见石兄二十年矣。"[20]
这是文人爱石极致表现的例子。石被上升到了人化的高度。

虽然叠石艺术在前代的记录已有此高度，但南宋人周密仍
认为"前世叠石为山，未见显著者"，而至徽宗艮岳，才"始兴"。
在《癸辛杂识》前集"假山"条中，他说："然工人特出于吴兴，
谓之山匠，或亦朱勔之遗风。"[21]

那时造园所用材料，所雇佣的工匠都来自江南地区，而前
文童隽先生也认为"江南园林朴雅作风，已随花石纲北矣。"是
否可以认为，在北宋时，"江南"园林在全国范围内已有较大影响。
所造园林景象效仿江南山水也成常态。宋宗室赵彦卫《云麓漫钞》
记："政和五年命工部侍郎孟揆鸠工。内宫梁师成董役。筑土山
于景龙门之侧以象余杭之凤凰山。"[22]徽宗在其亲笔作写的《御
制艮岳记略》写道：

　　于是，按图度地，庀徒僝工，累土积石。设洞庭、湖口、丝溪、
仇池之深渊，与泗滨、林虑、灵璧、芙蓉之诸山，取璟其特异
瑶琨之石，即姑苏、武林、明、越之壤。……青松蔽密，不于
前后，号万松岭。

由此可见，当时造园在水、山、石、壤的处理上甚至具体
到对应着江南某地的风光和景致。

20.　费衮：《梁谿漫志》，三秦出版社，第 52 页
21.　周密：《周密集》第三册，浙江古籍出版社，2012 年，第 12 页。
22.《丛书集成》本，第二九七册，卷三，第 81 页。

后又有僧祖秀游赏艮岳所写《阳华宫记》，其中对艮岳上的石头有很大篇幅的描述，这也是在北宋末年关于极致奢华的皇家园林的记载，对研究北宋园林的构成有重要的考证依据，据文描述，"寿山艮岳"先"筑冈"，再以太湖、灵璧石增加山岭的险峻气势；"斩石为道""凭险设蹬"营造出似有跋山涉水的氛围。置石叠山艺术为了创造一种奇险地貌而发展到了极致。关于"飞来峰"，文中因其"飘然有云姿鹤态"[23]而给定其名，正如下文所述，植梅曰梅岭，种杏曰杏岫，栽黄杨曰黄杨巇。飞来峰在当时或许并没有具体指杭州的飞来峰，但飞来峰已然成为一种园林中约定俗成的意象而被营造。

叠石艺术的发展到了南宋开始有了新的变化，虽然主要的造园行为都南迁了，并且更接近湖石的原产地，园记中也有关于独立奇石欣赏和群组奇石欣赏方式的记载，但以石叠山的记录却是极少。原因是多样的，我认为更多的可能性，应是一种文人质朴之风的发展。明人顾璘建"息园"为记时所说的："予尝曰，叠山郁柳，负物性而损天趣，故绝意不为。"用"负物性"去营造一种仙境奇观的造园手法在徽宗"艮岳"消亡的同时也渐渐被摒弃了。

4. 多样化的"江南"水形态处理。

水是园林造景的主要元素，不论南北，相地之时必考虑有水源之处优先造园。北宋园林中，水之用或为种植花木，或引为清流，或凿池筑沼。江南地区富有水利资源，水的自然形式多样且

---

23. 李濂：《汴京遗迹志》，中华书局，1999年，第58—59页。

富于变化，有湖、池、涧、溪等自然形式，"江南"畔水之园因此也省略了很多人工造水的工程。而京洛的园林却因为水资源的不足，使得造园人在园内极尽所能地引水造景，创造出了比"江南"园林更为丰富的人工水景，水景成为京洛地区造园的主要景观之一，我们现在常见的"江南"园林之中的水景，是一园的主景，组织和统领着园林中其他景物，而当时京洛园林的园景组合形式为碎锦式[24]，一园之内，有多处别具特色的景观，加以适当之拼凑组合以供游赏，各景的展示和游赏并无主次之分。水池只是园林诸景之一，与花圃之景、古木之景、苍林之景、竹丛之景相并重。游园者可穿过这些景观，逐个欣赏。可以说水景在京洛地区园林中不是最主要的景观，但是水景处理的形式却是十分多样的。

韩琦在《相州新修园池记》里便载有"引洹水而灌之"，可种莲养鱼。而园林的主体部分却是"南北二院"，以植"名花、杂果松柏、杨柳，所宜之木凡数千株"[25]。司马光《独乐园记》对引水做了详细描述：

……引水北流，贯宇下。中央为沼，方深各三尺。疏水为五派，注沼中，若虎爪。自沼北伏流出北阶，悬注庭中，若象鼻。自是分而为二渠，绕庭四隅，会于西北而出，命之曰"秀水轩"。堂北为沼，中央有岛，岛上植竹。圆若玉玦，围三丈，揽结其杪，

24. 汉宝德：《物象与心境：中国的园林》，生活·读书·新知三联书店，2014年，第158页。

25. 韩琦：《安阳集》卷二十一，参见陈从周、蒋启霆选编《园综》，同济大学出版社，2004年，第125页。

如渔人之庐，命之曰“钓鱼庵”。[26]

独乐园水景所用手法已经非常丰富，有“引水”“疏水”“分渠”“绕庭”等。而水所呈现的状态有“若虎爪”“若象鼻”“若玉玦”等。

胡宿的《流杯亭记》更是把曲水的功能和意趣描述得淋漓尽致：

……净居之北，有池曰“迷鱼”。清泉碧树，幽邃闲静，有山间林下之思。庆历丙戌，植直李公给事之治许也，年获丰茂，日多暇豫。间引参佐，觞于湖上，踌躇四顾，超然独得。曰湖居之丽，前人系作，究奇选胜，殆穷目巧。然上巳修禊，胜集也，念此独阙。漠水在侧而弗知用，岂未之思耶？乃立亭于迷鱼之后，西北置阅砻石作渠，析漠上流，曲折凡二百步许，弯环转激，注于亭中，为浮觞乐饮之所。东西杂植果，前后树众卉，与清暑、会景、参然互映，为深远无穷之景焉。亭成，榜之曰“流杯”，落之以钟鼓。车骑凤驾，冠盖大集。贤侯莅止，嘉宾就序，朱鲔登俎，渌醅在樽，流波不停，来觞无算。人具醉止，莫不华藻篇章间作，足以续永和之韵矣。[27]

水可以有“砻时作渠”“析漠上流”“弯环转激”之态，

26.《全宋文》第五十六册，卷一二二四，第236—237页。

27. 胡宿：《文恭集》卷三十五，参见陈从周、蒋启霆选编，《园综》，同济大学出版社，2004年，第68页。

可以"为浮觞乐饮之所""为深远无穷之景"。同时也吸引着当时贤达人士游乐其间，书写华藻词篇。而在此记的最后部分，表达出了"流杯亭"所描述的"杭、颍"二州的意象，"又惟杭、颍二州西偏，皆映带流水，同得'西湖'之号，与许为三"，以示其像杭州的"武林、天竺之秀"、颍州的"女台、林刹之佳"。

而园子里做一个大水景，把各个景色统一起来，可以说是江南园林最重要的贡献。苏舜钦的《沧浪亭记》："一日过郡学，东顾草树郁然，崇阜广水，不类乎城中。并水得微径于杂花修竹之间，东趋数百步，有弃地，纵广合五六十寻，三向皆水也。"《梦溪自记》："翁年三十许时，尝梦至一处，登小山，花木如覆锦，山之下有水，澄澈极目，而乔木翳其上，梦中乐之，将谋居焉。"这两篇记所载的园林水景元素的范围都极大，皆已成为整个园林首要的元素。如"三向皆水""澄澈极目"之说。

欧阳修在《真州东园记》也记载了东园的水面场景：

园之广百亩，而流水横其前，清池浸其右，高台起其北。台，吾望以拂云之亭；池，吾俯以澄虚之阁；水，吾泛以画舫之舟；敞其中以为轻燕之堂，辟其后以为射宾之圃。芙蕖芰荷之的历，幽兰白芷之芬芳，与夫佳花美木列植而交阴，此前日之苍烟白露而荆棘也。[28]

这些"水""池"一类园林构成物，其大可以"泛以画舫之

---

28. 《全宋文》第三十五册，卷七四〇，第119—120页。

舟",其丰富可见"芙蕖蒗荷之的历"。李格非在《洛阳名园记》中盛赞当时之"湖园":"洛人云,园圃之胜不能相兼者六,务宏大者少幽邃。人力胜者少苍古,多水泉者难眺望,兼此六者,惟湖园而已。"[29] 必然也是已经受江南以一水为园中主景的审美标准的影响。

四、结语

北宋时期"江南园林"并不是一个确定概念,但已经具有特定的地理、文化内涵。"江南"的山水意象、政治文化生活、独有的自然物态造就了园林中这一观念的形成,它不断发展、影响并渗透着北宋园林特有的范式。而今,"江南园林"看似有了固定类型模式,却仍然在不断变化发展着。研究北宋时期"江南"作为一种园林观念的发生,其实是对"江南园林"这一众所周知、约定俗称的概念进行一次源头性探究,这并非是在一场针对起源地归属的争论或是概念的推翻和重新建立,而是试图重新建构在"江南"观念形成之初园林的图景模式和变化过程,同时追问作为实体存在的园林,在自身变化和发展中,如何对作为观念的"江南"的解读和转换。

29.《全宋笔记》,第三编一,大象出版社,2008年,第171页。

工　艺

工具与材料中的匠人气质

日本作家 / 盐野米松　　　西安美术学院 / 邓渭亮（译）

　　工匠们所使用的工具总是很美的，因为那是他们手的延伸，也是指尖的触碰所在。这其中融合了手工、技艺、材料等各种因素，也最体现工具使用的精妙之处。虽然工具的功能近似，相差甚微，但正是这微小的差别展现了工匠们的想法。

　　工具是使用之物。

　　博物馆的展示室和展示柜之所以没有内饰，这是由其展览用途和材料所决定的。通常为了干好活，工匠们都使用最为上手的工具。随着工具的刃部位不断被打磨、损耗，磨损得不能再用，直至工具使用变形，他们才会重新换上手柄和钢刃继续用。所以也导致了好工具没有被留下来。

　　工具之中木工工具尤美。

　　在工具的制作方面，无论是钢料的选取，还是工具的手柄

1.　译者注：日文中的"気質を作る"意为"创造气质"，本文作者的写作意在通过工具与材料的使用，发掘其中所呈现的匠人气质和态度，中文若直译为"匠气"略偏贬义，显然与作者的写作意图相悖，若转译为"匠意"又不能概括作者的全意，故暂翻译为"匠人气质"以区分汉语所指的"匠气"。

形状、材料等方面的制作都需细心和注意。以至于在工具开孔等重要工序上，工匠们从来都是手持凿子大气都不敢喘。制作锯子是如此，刨子亦复如此。

刀刃的研磨不仅反映出使用者的全部技术水平，并且还能展现出其工作状态。正所谓刀如其人，如果他在工作方面是个懒人，不能竭尽全力的话，那么他的刀刃也会敷衍了事，不利落。

在日本，名人的工具总是整饬规范，就是所谓的"架势"。对于工匠们来说，工作场所就如同是战场。工作开始后再临阵磨枪，那么同伴也就成了笨蛋。同样，工作如果布置安排妥当的话，经验丰富的手艺人自然就会动作流畅，且毫无危险，行事顺畅就像行云流水。工具与身体驯服贴合，对材料的属性谙熟于心，手与工具的配合也会协调。反之经验不足，途中如果产生思考和迷惑，手似乎要停下来，导致无法推进，那样工作就是有瑕疵的。

匠人的工资按日计算。一天的工资，就应该是一个人独自完成的工作所得，手（脚）慢的人不能算独当一面。有瑕疵的工作被人所嫌弃。做得不准确的工作必须返工，再加工一次也要将它修正到位。当然，干净利落，又快又好地完成工作，（工匠）的技艺和速度也就会提高，修理工具与研磨刀的经验也会随着日积月累逐步提高。

技艺依附于人，技艺的发挥靠的是修行和工具。所以说，工具是人的体现。

工具与技术是一并承传的

目前，世界上现存最古老的木造建筑是日本奈良的法隆寺，它被认定为世界文化遗产，法隆寺创立于公元607年，当时的主体建筑曾一度失火焚烧，现存建筑于公元711年前重建。

建造法隆寺所使用的尺子，被称之为"高丽尺"，它是从朝鲜半岛的高句丽传来日本（高丽尺的1尺约35.15厘米左右）。

法隆寺建造以前，日本的好几个木造建筑都是由来自朝鲜半岛的"迁来人"[2]所指导建造的，可惜的是没有留存下来，据说是这些人将大型建筑技术和工具传入了日本。现在依然保存有当时传入日本的各种文化的记录。

以往，派往中国的遣隋使、遣唐使将（域外）文化带回日本，这把由朝鲜传入的建筑用尺就是例证。

在这些技术引进以前，日本的建筑并不在柱础上安放立柱。而是先在地上挖洞，再直接把立柱安放在地洞中，也就是所谓的"掘立式"。屋顶也是用草和木板修葺而成。后来的瓦屋顶建筑是由来自朝鲜的瓦匠所传入。屋顶从草板结构（演变）成瓦屋顶，这样就使得建筑构造产生了较大变化，屋顶的承重也会增加。

奈良法隆寺之后建成的药师寺尚有东塔遗存。

药师寺始建于公元697年，后来日本国都迁移至平城，公元730年药师寺于现今位置重建，目前仅存有东塔。建造此塔

---

2. 译者注：泛指从日本以外迁移至日本的人。

所使用的尺子1尺约29.6厘米，在当时的日本以年号命名为"天平尺"，它与中国隋唐时期的一尺（29.8厘米）大致相当。药师寺也被认为是由来自唐朝的技术人员指导下修建的。

日本古代的木结构建筑技术基本上是由中国经由朝鲜传入，但是日本在接受外来技术之前已经有了一定的基础，以材料来说有"ヒノキ"（扁柏），[ヒノキ在日本用汉字"桧"表示，为了避免单独的汉字所带来的树种误解特别用其学名Chamaecyparis obutusa进行说明这也出于对该树木知识的充分了解，因为"ヒノキ"（扁柏），在台湾也有其变种Chamaecyparis obutusa　var.fomosana（台湾扁柏)]，而此树种在中国本土和韩国均没有生长。

日本扁柏这种针叶树，沿着其纤维很容易切割，木质富有黏性，寿命长，木纹也很精美。因为使用了这种木材，日本的木结构建筑才得以维持千年以上的时间。日本的"宫大工"（专门营建寺院和神社的木匠）们曾流传这样的一句话："千年之木营造的建筑可保千年"。能承受如此褒奖的木材，法隆寺和药师寺东塔就是证明。

日本扁柏的这种特质，早在1400年前营建法隆寺之时就被工匠们所熟知。

顺便提及，中国的大型木结构建筑中所使用的"楠木"（Chinese nanmu)在日本没有生长。韩国宫殿建筑中所使用的"红松"[アカマツ（Red maine. Pinus densiflora)]生长在日本和中国东北地区，这类木材在日本的建筑中虽有所使用，但寺庙和神社建筑则不多。虽然法隆寺被认为是引进了中国和朝鲜的技术，但是它却有着朝鲜半岛和中国内地的建筑所没有的特点。

这一特点的代表就是日本建筑的屋檐显得极端的长，这在雨水多、湿气重的日本是非常必要的。因此法隆寺也有着这样的长屋檐。

由于长屋檐的抗风能力弱，所以屋檐的长椽子与隅木以及椽尾与隅木尾的平衡控制技术就很重要，加之支撑长屋檐的侧柱的支点少，且需要保留与屋檐等长的进深，同时屋檐上还要承载瓦的重量，如此技术上的要求就更高了。

现存于中国山西省佛宫寺的八角五重塔（应县木塔），据闻是中国最古老的木结构建筑。其规模巨大，从画面中看起来比日本的建筑更为庞大和雄浑，而该建筑的屋檐长度也很引人注目。

佛宫寺平面面积是 148 坪，屋檐面积 107 坪，二者百分比为 72.3%。同样是八角形的法隆寺梦殿，其平面面积为 31.8 坪，屋檐面积 48.2 坪，二者百分比为 152%，而佛宫寺塔的平面面积比法隆寺的五重塔大 4 倍之多。（日本的 1 坪相当于 3.3057平方米）

法隆寺的屋檐之所以能有极端长度，主要仰仗于日本扁柏强大的黏性和韧性。

为了发挥木结构建筑的建造技术，熟悉材料的性质使其优点得到充分利用，与此相关的知识的积累就必不可少。从此意义来看，建造寺庙的工匠在吸收从朝鲜半岛、中国大陆传来的技术基础上，还需要了解日本本土所培育的木材知识。

日本扁柏如何使用

法隆寺建造之时，尚未有台刨（中国叫平刨？）[3]，也无制材专用的大锯和边锯，在小型的家具制作中使用小木工纵锯。

如果没有台刨就无法制作出方正的平面。没有大锯就无法量产固定尺寸的柱子和木板，虽然大锯在中国很早以前就有，但是这两样工具传入日本的时间大约是在公元 1300 年左右了。因此，法隆寺的柱子的切割使用的是楔子，不仅将它用来切割圆柱，而且板材的切割也是如此。由于日本扁柏有着笔直开裂的属性，所以是很优良的建材，且其材质性能得到了超强发挥，现存的建造法隆寺的材料中有 65% 的是始建时期的木材。

木匠们正是使用了像斧子、凿子、锛子、加工用的"豆枪刨"这类朴素的工具，建成了法门寺这样的建筑。法门寺中门的柱群都是些树龄 1000 年以上的木材，他们将单根木头切割成四份，然后在圆柱上进行各种加工，比如切割、豆枪刨切削等。

扁柏具有冬坚硬，夏柔软，年轮清晰的木材属性，如果木头在夏天的生长过程中受伤，木质就不会柔软，因此在加工时就需要有"切割味"（刀感）的刀刃，仅仅做到坚硬是不够的，在加工时还必须做到"直切"。这种由使用钢铁锻造的日本刀所产生的日本刃物技术，正是因为扁柏的木材特性定制而成的。

顺便说一句，曾经有学者尝试用石器时代的石斧进行伐木

3.　译者注：台刨，木座上安装有刀刃的刨子。

试验，尽管（石斧）能砍倒像栗木［クリ，（Castanea crenata）］和水楢［ミズナラ (Quercus crispula Blume)］这样的硬质落叶乔木，可是据报告说扁柏是不能完全被砍断的，因而直到铁器的传入扁柏的加工才得以实现。

台刨、大刨、大型横锯出现以后，各国木匠们的所思所为才出现很大差异。

中日韩的材料和道具

2012 年，在韩国水原市的华城博物馆举办了主题为"大木匠——韩中日传统木造建筑中的栋梁世界"的展览。两年后，2014 年在日本神户市竹中工务店道具馆又举办了主题为"日中韩栋梁的心与技"的展览。

在这次展示会上，再现了各国的木工工具和部分木构件，由此还展开了与各种栋梁相关的木料、工具等话题。

大会上有来自中国故宫博物院的研究员兼中国木匠大师李永革先生[4]，来自韩国的大木匠兼重要无形文化财产保持人申鹰秀先生，以及日本的宫大工栋梁大师小川三夫先生出席，展览上所呈现的不同工具观和工具使用的话题都相当有趣。

以大锯展示为例，日本木匠采用往内拉法，而中国和韩国多使用外推法。

台刨的使用也是如此。

---

4. 译者注：李永革为故宫博物院的古建修缮中心主任。

韩国在复原修缮因火灾而被烧毁的崇礼门（南大门）的时候，曾尝试挑选韩国独有的工具，可是现在韩国使用的工具大多是在日本殖民时代所传入的（样式），因此负责修缮工作的申鹰秀先生后来就尝试复原韩国传统木工工具。当时还展示了凿子、锯、刨等工具。

中国和韩国的台刨都安装有把手，握住把手就可以进行推刨，在韩国通常是在日式台刨上安装把手再使用。因为日式台刨上没有安装把手或者手握棒之类，（所以工匠在使用的时候需要）按住刨头，夹在腋下再用左手进行拉刨。

中国与韩国所使用的锯都是相似的框锯，使用的时候将锯齿向外推，而日本的锯则是往身体跟前一侧内拉，动作完全不同，似乎欧美所使用的锯也是向外推，唯有日本是往内拉。

比如凿子，韩国的凿子通体都是铁制的。日本和中国的凿子都有木质的柄把，日本凿子的敲头部分镶嵌有铁环，而我所见到的中国式凿子则无铁环。因为当时所见的木质敲头部分已被敲打得开裂蓬松，我想这样的木质敲头在作业过程中怎能轻松推进呢。

我也问过韩国的申大木匠："韩国的冬天那么冷，韩国的凿子怎么会是全铁制呢？"申大木匠说："在韩国，建材大多用松木，因为木质坚硬，所以必须使尽全力敲打，而日式的凿子受力差，力大的话就会折断。"

刨子和锯子顺着推的话效率高，即便是作业一整天也不会觉得疲劳，如此也就能理解中国的栋梁制作技术为何如此高超了。

扁柏较柔软，红松比它硬。中国的传统建筑用的大都是楠木。

楠木也很好加工，易于刀刃的切削，但和扁柏相比也算硬质木材。近年来楠木逐渐稀少，中国的木匠大师说松木成了主材，由于赤松、楠木与扁柏在材质上有着巨大的差异，我想如果能创造出与各种木材性能相匹配的高效的好工具将会大大提升木加工技艺。

还有一个就是建筑的加工问题。

在加工方面，无论中国还是韩国都追求鲜艳的色彩表现，虽然楠木和红松在工艺的程度上不同，但终究会表现出漂亮的色彩。

日本的情形是，最后的加工需要加工刨，扁柏优美的木纹效果取决于刨技，因此高工资都是付给拥有高超加工刨技术的木匠。

只有被研磨得十分锋利的刀刃才能削切出光泽亮丽的木纹，让湿气和雨滴弹落，使得建筑能够保持长寿。

人们看到纹路精美的年轮，就是对木纹之美的赞叹！

工具和工作都是为了展现木材之美，木材工艺最终阶段的上色各有不同，要想在红松上表现出丝柏那种木纹之美是相当困难的，且无必要。

由于刀刃的铁质不同，在加工柔质木材时最合适用既锐利又有弹力的刀刃，但是具有这种特性的钢铁所制成的刀，对于硬质木材作用却不大。如果钢质太硬，就会导致刀刃易脆断裂，我们只要看看削刨以后的刨屑，就能知晓刀刃的不同，这并不是因为（木匠）技术的不同，而是工作目的不同所致。

中国的中央电视台曾经演播过日本的宫大工如何用豆枪刨

工具对法隆寺和药师寺式样的圆柱进行最终加工。当时宫大工自带了已研磨好的豆枪刨，但当刀刃在事先准备好的楠木上使用时，却不能对楠木发挥作用，因此选木料与用什么刀之间存在着紧密的关系。

韩国的大木匠曾说过："刨子开了刨，工作就没完没了。"无独有偶，日本的宫大工也说过"房屋的栋梁加工质量是大事"。比如修造过法隆寺的小川三夫先生，修造过药师寺栋梁的西冈常一氏（1908—1995年），他们根据我的调查作如此回答："一旦建筑开建，就不能追求利益和赶工交付，要想让自己所修建的建筑维持千年，那么就必须放慢速度，不能像建造普通民宅那样差强人意即可。"所以实际上，宫大工们自家的房子不能自己盖（注：日本的宫大工按传统是不能盖民宅的，只负责寺庙和皇家的建筑），时间是用来付出的，追赶时间只会欲速则不达。

这种观念在日本的匠人中一般被称之为"匠人气质"，在他们看来事在人为，力求优良，再无它事能比这更为优先，更为困难。

建筑的加工、工具的使用、材料的选取都需要丰富的经验和知识，我想日积月累之后就形成了所谓的"气质"吧。

在韩国，加工直径超过1米的松木，工匠就必须叩响脑门了。

日本人做事有种柔和细致的气质，事无巨细，精益求精。工具不仅是工具，还能表现出工匠的精神。研磨精进，师傅的精髓最终会被弟子所继承。从事工作的匠人们也不只是工人而已，他们是备受民众褒奖的有本事的人。

在民艺馆中我见到了楠木格窗、组合木屏风等木质工艺，从中能够感受到木工的细致匠意。虽然中国有很多的学问和工艺，但是工人们的地位低下，据说对工人怀有尊敬之心的人并不多。

我想或许是由于建筑所用的木材不同，工具的使用不同，以及加工方面考虑的不同，加之民众对工人们缺少尊重，长时间所形成的国民气质不同，于是也就产生了国民性的差异。

这并不是说全部如此，而是仅以我所注意到的木工作业为例而言。

（写下这篇文章的作者是位作家，他在对日本的匠人们进行了长时间的走访和记录，参观过韩国的木工工艺复原和木工工具的制作，并对中国工匠们进行了走访后，发表了一点感想。）

宋代簪花习俗与花朵制作等若干问题研究

中国美术学院／陈　晶

引　言

　　宋时文人雅士追求雅致生活，点茶、焚香、插花、挂画，此四艺（或四事）被时人所推崇，透过味觉、嗅觉、触觉与视觉品味日常生活，提升个人内里修养与品鉴。其中插花包括了供花于瓶用来装饰周边环境的插花艺术与装饰头部发髻等的簪花。本文以簪花为主要研究内容。

　　簪花习俗，古已有之。西汉时有女子簪花的文献记载。陆贾《南越行纪》："南越之境，五谷无味，百花不香，此二花特芳香者，缘自别国移至，不随水土而变，与夫橘北而为枳异矣。彼之女子，以彩丝穿花心，以为首饰。"四川成都扬子山墓，永丰、天回山等地墓中都发掘出数量众多的头簪花朵的女佣，成为汉代妇女簪花习俗普遍流行的实物例证。至宋时，簪花并非文人雅士之专属，可以是黄庭坚《鹧鸪天》"风前横笛斜吹雨，醉里簪花倒著冠"凸显的洒脱与个性；也可以是"艳朵珍丛间舞衣。蹴球场外打红围。小舆穿入花深处，且住簪花醉一卮"的世俗生活。宋代，从皇宫到市井，从显贵到平民，从女童到老妇，从女人到男人，都对花朵保持着极大的热情。并随着节日的推行和日常生活的浸透，簪花习俗日盛。

一、宋代簪花习俗概况

（一）节日之簪花

立春，人们便簪花出现在城市中。汴梁城"百姓卖小春牛，往往花装栏坐，上列百戏人物，春幡雪柳，各相献遗"[1]；临安街市亦"以花装栏，坐乘小春牛，及春幡春胜，各相献遗于贵家宅舍，示丰稔之兆。"市井中售卖着人们喜爱的"冠梳、领抹、缎匹、花朵、玩具等物……"由于春伊始，鲜花品种与数量尚未至繁盛，因此，假花成为此时簪花花朵的主要组成部分，如雪柳、春胜、花胜等。"今世或剪彩错缉为以花装栏幡胜，虽朝廷之制，亦镂金银或缯绢为之，戴于首。"[2]

元宵时节，家家灯火，处处管弦，人们外出赏灯游玩。有内侍蒋苑使家，装点亭台，悬挂玉栅，异巧华灯，珠帘低下，笙歌并作，游人玩赏，不忍舍去。《武林旧事》卷二《元夕》篇载："元夕节物，妇人皆戴珠翠、闹蛾、玉梅、雪柳、菩提叶、灯球、销金合……而衣多尚白，盖月下所宜也。"[3]簪花配饰、服装、

---

1. 孟元老：《东京梦华录》（外四种）（东京梦华录、都城纪胜、西湖老人繁胜录、梦粱录、武林旧事），上海：古典文学出版社，1957年，第34页。
2. 高承：《事物纪原》，文渊阁四库全书本，转引自冯尔才：《宋代男子簪花习俗及其社会内涵探析》，《民俗研究》，2011年第3期，第53页。

月色与灯火，相映成趣，不胜美哉。

寒食清明之际，亦有"画桥日晚游人醉，花插满头扶上船"的民间习俗。

五月端午，"内司意思局以红纱彩金子，以菖蒲或通草雕刻天师驭虎像于中，四围以五色染菖蒲悬围于左右。又雕刻生百虫铺于上，却以葵、榴、艾叶、花朵簇拥。内更以百索彩线、细巧镂金花朵，及银样鼓儿、糖蜜韵果、巧粽、五色珠儿结成经筒符袋、御书葵榴画扇、艾虎、纱匹段，分赐诸阁分、宰执、亲王。"[4]"茉莉盛开城内外，扑戴朵花者，不下数百人。每妓须戴三两朵，只戴得一日，朝夕如是。""虽小家无花瓶者，用小坛也插一瓶花供养，盖乡土风俗如此。寻常无花供养，却不相笑；惟重午不可无花供养。端午日仍前供养。"[5]可见端午插花是普遍习俗，几乎家家户户会在端午当日家中摆花，头上簪花。

七月，"立秋日，太史局委官吏于禁廷内，以梧桐树植于殿下，俟交立秋时，太史官穿秉奏曰：'秋来。'其时梧叶应声飞落一二片，以寓报秋意。都城内外，侵晨满街叫卖楸叶，妇人女子及儿童辈争买之，剪如花样，插于鬓边，以应时序。"秋一来，应时花朵慢慢变少，人们买树叶剪成花样簪插，表达对于节令的重视和对簪花的喜爱。

3.　周密：《武林旧事》，《东京梦华录》（外四种）（东京梦华录、都城纪胜、西湖老人繁胜录、梦粱录、武林旧事），上海：古典文学出版社，1957年，第370页。

4.　吴自牧：《梦粱录》，《东京梦华录》（外四种）（东京梦华录、都城纪胜、西湖老人繁胜录、梦粱录、武林旧事），上海：古典文学出版社，1957年，第156—157页。

5.　西湖老人：《西湖老人繁胜录》，《东京梦华录》（外四种）（东京梦华录、都城纪胜、西湖老人繁胜录、梦粱录、武林旧事），上海：古典文学出版社，1957年，第118页。

重阳，是宋代十分重要的节日，人们登高望远，簪插菊花茱萸，吟诗作赋，好不风雅。"都人是月饮新酒，泛萸簪菊，且各以菊糕为馈。"

此外，在七夕、中秋等节日中亦有用簪花来庆祝。宋人簪花已是生活常态，并非仅限于节日，只是节日当天尤甚。

（二）花朝节之簪花

花朝节在唐时已形成，然只流行于上流社会和官宦阶层，节日习俗也多为文人之间的觥筹交错、踏青赏花、吟诗作文、附庸风雅。直到宋代以后，花朝节才逐渐从上层社会扩散到民间，成为一个全民性节日。喜花的宋人将赏花、簪花作为花朝节的主要节俗。

《梦粱录·二月望》详尽描述了南宋临安花朝节的盛况。"仲春十五日为花朝节，浙间风俗，以为春序正中，百花争放之时，最堪游赏，都人皆往钱塘门外玉壶、古柳林、杨府、云洞，钱湖门外庆乐、小湖等园，嘉会门外包家山王保生、张太尉等园，玩赏奇花异木。最是包家山桃开浑如锦障，极为可爱。此日帅守、县宰，率僚佐出郊，召父老赐酒食，劝以农桑，告谕勤劬，奉行虔恪。天庆观递年设老君诞会，燃万盏华灯，供圣修斋，为民祈福。士庶拈香瞻仰，往来无数。崇新门外长明寺及诸教院僧尼，建佛涅胜会，罗列幡幢，种种香花异果供养，挂名贤书画，设珍异玩具，庄严道场，观者纷集，竟日不绝。"

在花朝节这天，人们除了要游玩赏花、扑蝶挑菜、官府出郊劝农之外，还有女子剪彩花插头的习俗，如明马中锡《宣府志》载："花朝节，城中妇女剪彩为花，插之鬓髻，以为应节。"

人们头上所簪之花朵和环境中摆放供欣赏的鲜花交相呼应，一岁花朝始于此。

（三）嫁娶婚俗之簪花

婚姻礼节中，簪花已成为男女必履行之习俗，新郎簪花习俗形成于北宋。[6]北宋司马光《书仪三·婚仪上》："戴花胜……随俗戴花一两枝，胜一两枝可也。"《梦粱录》卷二十《嫁娶》清晰表述了南宋民间婚礼中簪花的应用。男方在向女方下聘的彩礼中，就有"珠翠特髻，珠翠团冠，四时冠花，珠翠排环等"与花朵相关的首饰；"先三日，男家送催妆花髻、销金盖头、五男二女花扇，花粉、洗项、画彩钱果之类，女家答以金银双胜御、罗花幞头，绿袍、靴笏等物。"从中可以看出，南宋临安男子成亲前三天，男方向女方赠送的都是结婚时女子使用的物品，而女子回赠给男子的物品中就有"罗花幞头"，表明男子婚日当天需簪花。结婚当日，新郎"服绿裳、花幞头"，更增喜气之色，并"以手摘女之花，女以手解郎绿抛纽，次掷花髻于床下"，逐步完成婚礼仪式。婚后，女方家的"送三朝礼"以及"洗头礼"中也都有"冠花"。可见，簪花成为宋代嫁娶婚俗中不可缺少的一部分。

婚后结婚生子自然是头等大事，临安城内居民育子用的彩盆，也要"上簇花朵、通草、贴套"；小儿抓周的时候，周围也会摆上"彩缎花朵"以供小儿选择。

---

6. 冯尕才：《宋代男子簪花习俗及其社会内涵探析》，《民俗研究》，2011 年第 3 期，第 54 页。

二、簪花人群

（一）女人簪花

宋时，簪花人群广泛，上至帝王将相，下至平民百姓，均有爱好。簪花自西汉起，就作为装饰的一种方法成为女性妆容的一部分。在宋代，妙龄少女到幼童老妇，都喜簪花。

贵族女子在受册封、大朝会或者其他节日庆典时也常簪花饰物。《宋史》："妃首饰花九株，小花同，并两博鬓。"不同季节，女子们会簪戴不同的时令花朵，元宵、端午、重阳簪戴的花朵大都不相同。为了追求美丽，女子对于花朵的价格多寡并不在意。六月初的临安，"茉莉为最盛，初出之时，其价甚穹，妇人簇戴，多至七插，所直数十券，不过供一饷之娱耳。"

年龄往低看，幼童也会簪花，有时会佩戴簪花的花冠，《东京梦华录》载："女童皆选两军妙龄容艳过人者四百余人，或戴花冠，或仙人髻鸦霞之服，或卷曲花脚幞头。"白发老妇"也把山花插满颠"，范成大亦有诗曰"白头老媪簪红花，黑头女郎三髻丫。"《梦粱录》记述到，在临安市井中，"五间楼前大街坐铺中瓦前，有带三朵花点茶婆婆，敲响盏，掇头儿拍板"。老妇头戴鲜花招揽生意，也颇有趣味。

女子簪花，除了插于头上之外，还常与各种冠子搭配使用，簪戴于冠，称为花冠等。南熏殿旧藏《历代帝后图》中所描绘的花冠皆为此列。女子的嫁妆里也有各种花冠。妓女也会佩戴花冠，"元夕诸妓⋯⋯各戴杏花冠儿，危坐花架。"早期的花冠常用鲜花制作，由于鲜花不易于长久保存，后便出现了用丝帛、纸张等材质来制作鲜花，便于流通和储存。

（二）男人簪花

宋代，男子簪花之风进入鼎盛阶段。老翁少年都以簪花为俗，"春来春去催人老，老夫怎肯输年少。醉后少年狂，白髭殊未妨。插花还起舞，管领风光处。把酒共留春，莫教花笑人。"男子簪花甚至已经超越了女子簪花，不再是一种单纯的民俗事象，而被赋予了政治意义，渐已衍化成为国家礼仪制度的一项重要组成部分。[7]

男子簪花是将花朵插戴在幞头、帽子之上，称"簪戴"。不同的庆典活动中，男子需簪花以遵守礼仪。皇帝也会在不同的活动和场合赐花百官，所赐花色依品级高低而有所不同，逐渐形成严格规范的赐花制度。《宋史·志·舆服志》记载，神宗自郊祀、明堂礼恭谢毕后，臣僚及扈从都会簪戴皇上赐予之花。"大罗花以红、黄、银红三色，栾枝以杂色罗，大绢花以红、银红二色。罗花以赐百官，栾枝，卿监以上有之；绢花以赐将校以下。太上两宫上寿毕，及圣节，及赐宴，及赐新进士闻喜宴，并如之。"北宋时皇上赐花有罗花和绢花两种，以罗花为贵。

南宋时，赐花制度不断细化、完善，形成了等级分明的赐花制度。"宰臣枢密使合赐大花十八朵、栾枝花十朵；枢密使同签书枢密使院事，赐大花十四朵、栾枝花八朵；敷文阁学士赐

---

7. 陈晶：《＜梦粱录＞中的男子簪花》，郑巨欣主编《民俗艺术研究》，杭州·中国美术学院出版社，2008年。

大花十二朵、栾枝花六朵；知官系正任承宣观察使赐大花十朵、栾枝花八朵；正任防御使至刺史各赐大花八朵、栾枝花四朵；横行使副赐大花六朵；栾枝花二朵，待制官大花六朵、栾枝花二朵；横行正使赐大花八朵、栾枝花四朵；武功大夫至武翼赐大花六朵，正使皆栾枝花二朵；带遥郡赐大花八朵、栾枝花二朵；门宣赞舍人大花六朵，簿书官加栾枝花二朵，门祗候大花六朵、栾枝花二朵，枢密院诸房逐房副使承旨大花六朵；大使臣大花四朵；诸色祗应人等各赐大花二朵。自训武郎以下、武翼郎以下，并带职人并依官序赐花簪戴。”每个官阶对应各自簪花的品种和数量，朝官不会违反，否则会有僭越或失节之嫌。

三、花朵生产、制作与销售

宋代鲜花品种丰富，《梦粱录·物产》对临安的鲜花品种进行了记录。有牡丹、芍药、棣棠、木香、酴、蔷薇、金纱、玉绣球、小牡丹、海棠、锦李、徘徊、月季、粉团、杜鹃、宝相、千叶桃、绯桃、香梅、紫笑、长春、紫荆、金雀儿、笑靥、香兰、水仙、映山红、梅花等近百种。

（一）鲜花种植、运输

宋人对于鲜花的喜爱，促进了鲜花的种植和生产。南宋时，“杭州苑囿，俯瞰西湖，高挹两峰，亭馆台榭，藏歌贮舞，四时之景不同，而乐亦无穷矣。”当时城市内外有很多园囿、花圃，进行花朵种植和赏玩。关于鲜花的种植，临安城中以东西马塍最有名。

　　"钱塘门外溜水桥东西马塍诸圃，皆植怪松异桧，四时奇花，精巧窠儿，多为龙蟠凤舞、飞禽走兽之状，每日市于都城，好事者多买之，以备观赏也。"马塍在钱塘门外，地处郊区，分东西马塍，种植花卉与盆景，而且种植之物大都十分精巧出奇，激发了人们较强的购买欲。西马塍花卉贸易红火，《秋崖小稿·湖上》云："今岁春风特地寒，百花无赖已摧残。马塍晓雨如尘细，处处筠篮卖牡丹。"东马塍则"一塍芳草碧芊芊，活水穿花暗护田。"

　　马塍的花卉种植技术也是驰名天下。由于人们对于花朵的渴望，也促使了催花术的产生。周密的《齐东野语·马塍艺花》记载："马塍艺花如艺粟，橐驰之技名天下。非时之品，真足以侔造化，通仙灵。凡花之早放者，名曰堂（或作塘）花。"其法"以纸饰密室，凿地作坎，缠竹置花其上，粪土以牛溲（注：尿液）硫黄，尽培溉之法。然后置沸汤于坎中，少候，汤气熏蒸，则扇之以微风，盎然盛春融淑之气，经宿则花放矣。若牡丹、梅、桃之类无不然，独桂花则反是。盖桂必凉而后放，法当置之石洞岩窦间，暑气不到处，鼓以凉风，养以清气，竟日乃开。此虽揠而助长，然必适其寒温之性，而后能臻其妙耳。"

　　由于鲜花保存时间短，也不易于长距离运输，在北宋就出现了花朵保鲜技术。欧阳修《洛阳牡丹记》有详细记述："岁遣牙校一员，乘驿马，一日一夕至京师，所进不过'姚黄''魏紫'三数朵，以菜叶实竹笼子，籍覆之，使马上不动摇，以蜡封花蒂，乃数日不落。"人们为了运输牡丹，为了防止花瓣掉落，并做到保湿不干，他们把花放置于竹笼，在花的周围塞满了嫩绿的菜叶；为了保证枝茎的稳固，发明了"蜡封花蒂"的办法，即用蜡封好花蒂，花可数日不落。便于花朵的长途运输，以供时人需求。

东西马塍的花卉精美、花艺高超，在行业内有威望，在南宋结社风气的影响下建立了"东西马塍献异松怪桧奇花社"。马塍在明清时期依然是著名的花朵种植基地。

（二）假花制作

花朵的季节时效性给人们使用鲜花带来时限。于是，很多人开始意识到在花期时采集保存鲜花，普遍采用的方式是制作干花。陶谷《清异录》记载："脂粉流爱重酴醾，盛开时，置书册中，冬间取以插鬓，盖花腊耳。"花腊就是干花。酴醾花又名荼蘼花，盛开在春末，时人便多采集，夹在书本中，形成干花，等到鲜花少有的冬季再拿出来簪花。

除花腊之外，人们不甘受限于运输、供求等因素的限制，制作了可与真花比肩的假花，也称像生花，包括金属、罗帛、纸张、通草、琉璃等多种材质。

1. 金银假花

金银制作的假花也是比较常见的品种。中原使用金花作装饰最晚起于晋代，[8] 曾有六瓣梅花形金花出土。南京沐昌祚夫妇墓出土的两件金花分别长为 10.7 厘米和 15.6 厘米。根据文字记录，《金瓶梅》第二回中潘金莲"周围小簪齐插，六鬓斜插一朵并头花"推出此金花是做插鬓之用。亦可反证，宋代亦有这种金花使用。

除了用金银直接捶打、编结而制作的这种相对独立存在的

8. 陆锡兴：《像生花与簪花、供花》，《南方文物》，2011 年第 4 期，第 93 页。

金银花之外，宋代还有插花簪这种复合使用的设计。浙江永嘉北宋遗址出土竹节佛龛金瓜棱花瓶簪，簪腿上部竹节纹，中间镂雕一只佛龛，最上做一只空心花瓶，用作插花。

　　2. 丝纸假花

　　丝织品经常用于假花的制作，由于丝织品的编织方式不同，包括罗、帛、绢等不同品种。因此，常被称为"罗花""绢花"或者"罗帛花"。男子也大都佩戴"罗帛花""通草花"的假花。

　　在宋代有很多时令假花是由丝和纸张来制作的。比如"玉梅花""雪柳"。

　　"玉梅花"是用在元夕节的应景饰物。《武林旧事》卷二《元夕》篇载："元夕节物，妇人皆戴珠翠、闹蛾、玉梅、雪柳、菩提叶、灯球、销金合……"金盈之的《醉翁谈录》说到了玉梅花的材质："妇人又为镫球、镫笼，大如枣栗，加珠翠之饰，合城妇女竞戴之。又插雪梅，凡雪梅皆缯楮。"缯为丝织品，楮是纸的代称。苏轼《书鄢陵王主簿所画折枝二首》云："春色入毫楮。"毫即笔。因此，我们可以知道南宋的玉梅是用白色丝织物或白纸做成折枝梅花，又称"雪梅"。"玉梅花"在北宋时就已经深受人们喜爱，《东京梦华录》中记载有玉梅的出售。北宋《宣和遗事》中也记载汴京市民头戴玉梅赏灯会的场景："京师民有似云浪，尽头上戴着玉梅、雪柳、闹蛾儿，直到鳌山下看灯。"从此句中的"尽"字，我们也可以看出，玉梅不但是妇女的专属，男人也佩戴玉梅过节。玉梅是在元宵节日上不可或缺的应景饰物。南宋时期，"玉梅花"的使用范围更加广泛，这可以从它频繁出现在南宋词人的著作当中得到反映。赵必璩的《烛影摇红·县厅壁灯》："月浸芙蕖，冰壶天地波凝碧。太平歌舞醉东风，花市人如织。桃李一城春色。玉梅娇、闹蛾无力。粉围红阵，灯火楼台，绮罗巷陌。"寓居在临安的词人张炎描绘了临安元宵节时玉梅使用的热闹场面："向人圆月转分明。萧鼓又逢迎。风吹不老蛾儿闹，绕玉梅、犹恋香心。报道依然放夜，何妨款曲行春。"此外，玉梅的形象在南宋《大傩图》中也有表现，里面跳着傩舞的男人们头上簪有"玉梅"和"闹蛾儿"。"雪柳"，与玉梅花一样，为元宵节物，也插于妇人头上。周汛、高春明认为，雪柳是宋代妇女的一种首饰。以绢、纸、金箔等装成花枝，插在头上以为装饰。多用于节日。李清照《永遇乐》词云："中州盛日，闺门多暇，记得偏重三五，铺翠冠儿，捻金雪柳，簇带争济楚。"

提起玉梅花、雪柳，必然要提到的就是闹蛾儿，似一个组合般成套出现。

南宋史浩《粉蝶儿·元宵》表明了闹蛾儿的制作材料和大致造型："闹蛾儿、满城都是。向深闺，争剪碎、吴绫蜀绮。点妆成，分明是、粉须香翅。"我们可以很明显地看出，闹蛾儿往往由妇女用剪刀功夫亲手制作，是用绫绮等织物剪成。在剪好的蛾形上，用色彩画上须子、翅纹。除了绫绮以外，还可以用硬纸、铜片剪成飞蛾、蝴蝶、鸣蝉、蚂蚱等物象，用胶水粘在铜丝、竹篾上，并附缀在用绫绢等材料制成的花朵周围。使用时借用簪钗固定于发髻，佩戴时十分有动感，马子严《孤鸾·早春》写道："玉梅对妆雪柳，闹蛾儿、象生娇颤。"宋代无名氏的《失调名》也有："灯球儿小，闹蛾儿颤。"一说。《中国衣冠服饰大辞典·饰物》进行诠释，认为闹蛾儿是"妇女于元宵之日所戴的一种首饰。

以绸绢制成花朵，连缀于发钗；另以硬纸剪成蝴蝶、草虫、飞蛾、鸣蝉、蚱蜢之形，系于细铜丝上，行步时震动花朵，牵动铜丝，似蝶蛾飞舞。亦有用金银丝或金银箔制成蝶蛾者。唐宋时流行。唐代张祜《观杨瑗柘枝》一诗云："微动翠蛾抛旧态，缓遮檀口唱新词"，宋代临安元宵时节也有"蛾儿雪柳黄金缕，笑语盈盈暗香去。众里寻她千百度，蓦然回首，那人却在，灯火阑珊处"之意境。

经由上述分析可见，假花的制作，经常由多种材质共同完成，组合化设计痕迹明显。

3. 通草假花

通草又名"通脱木"，它是一种常绿乔木，茎部为空心，内有白色纸状物质，一般即取此物制作假花。具体制作过程即将通草的内茎趁湿时取出，截成段，理直晒干，切成纸片状，纹理细软洁白，有可塑性。所作的假花质地轻盈，富有弹性，表面还带有一层细茸，很受人们的欢迎。[9]而且通草花也被用作皇上赐花的品种之一，列入簪花制度。洪迈《夷坚支志癸》卷八载："（南宋）饶州天庆观居民李小一，以制造通草花朵为业。"说明通草花的制作已经在社会中广泛流行。

4. 琉璃假花

琉璃也是用来做假花的材质，属于比较贵重的品种。《宋史·五行志》："绍熙元年，里巷妇女以琉璃为首饰"，说明用琉璃制作假花首饰已十分普遍。宋度宗时，宫中流行簪戴琉璃花，

---

9. 高春明：《中国服饰名物考》，上海：上海文化出版社，2001 年，第 101 页。

世人争相仿效。"咸淳五年，都人以碾玉为首饰。有诗云：京城禁珠翠，天下尽琉璃。"后琉璃被禁用作首饰，或因其谐音流离之意。

（三）经营销售

宋代市坊制度被打破，宵禁制瓦解，商业贸易市场发达。尤其南宋临安，形成了一个打破了经营时间、空间的开放性市场，店铺设置鳞次栉比，人流不息。"自大街及诸坊巷，大小铺席，连门俱是，即无虚空之屋。每日清晨，两街巷门，浮铺上行，百市买卖，热闹至饭前，市罢而收。"白天市场结束不久，夜市又起，"杭城大街，买卖昼夜不绝，夜交三四鼓，游人始稀；五鼓钟鸣，卖早市者又开店矣。"在众多的行业中，花朵销售行业也是一派繁荣。

宋代花朵的销售经营大抵包括两种主要模式，一是"铺席"在固定场所销售；另一种是灵活的，走街串巷式的流动叫卖。

1. 店铺行市

北宋时，已有专门贩卖花朵的店铺，与装饰类的其他手工艺等店铺汇聚在同一区域，《东京梦华录》有云："州北封丘门外，及州南一带，皆结彩棚，铺陈冠梳、珠翠、头面、衣着、花朵、领抹、靴鞋、玩好之类"，这种聚集性现象到了南宋时期，表现得尤为明显，形成了专门给妇女们提供各种美化装饰的市场，称为花行，或者花作。

南宋临安官巷就是重要的花作之一，"官巷花作，所聚奇异飞鸾走凤，七宝珠翠，首饰花朵，冠梳及锦绣罗帛，销金衣裙，描画领抹，极其工巧，前所罕有者悉皆有之。"聚集了"齐家、归家花朵铺"等名家店铺。

除了官巷外，城西的花团、五花儿中心都是花朵集中生产和销售的场所。五花儿中心在中瓦子前，御街中段最为繁华的地方。不但白天，夜市中也"扑卖奇巧器皿，百色物件，与日间无异。"[10]临安花市客流量大，人头攒动，故有词曰"太平歌舞醉东风，花市人如织"。

2.流动叫卖

由于花朵的需求量比较大，也为了方便人们的购买，会有人采用流动贩售、寓唱于卖的形式。北宋时，"是月季春，万花烂漫，牡丹芍药，棣棠木香，种种上市，卖花者以马头竹篮铺排，歌叫之声，清奇可听"。这种方法在南宋也得到继承，"卖花者以马头竹篮盛之，歌叫于市，买者纷然"。马子严有词描绘这种销售方式："陌上叫声，好是卖花行院。玉梅对妆雪柳，闹蛾儿、象生娇颤。归去争先戴取，倚宝钗双燕。"

当然，固定店铺经营中也用叫卖声拉拢生意，"罗帛脱蜡像生四时小枝花朵，沿街市吟叫扑卖"。扑卖在宋代是一种常见的营销手段，买家如果在扑卖这种博彩游戏中获赢，即可折价购物。

宋代固定商铺和流动商贩结合，为时人的花朵消费提供了方便，也促进了宋代包括花朵在内的商业市场向多维成熟发展。

10.　耐得翁：《都城纪胜》，《东京梦华录》（外四种）（东京梦华录、都城纪胜、西湖老人繁胜录、梦粱录、武林旧事），上海：古典文学出版社，1957年，第91页。

"工匠之子莫不继事"与工匠群体
技艺的传承方式

山东工艺美术学院／明　娜

引　言

　　对手工行业而言，如何将技艺代代相传下去是行业持续发展的根本问题之一。一般而言，某一行业的持续发展与技艺的传承多是该行业内部从业人员的一种自觉而主动的行为，而考察传统手工行业的技艺传承方式却会发现其在初期呈现为一种"被动式"的传承。这种"被动式"的传承方式与诸多因素相关，其中较为核心的因素是工匠群体在手工业时代具有重要作用，统治阶层实施了一系列的管理政策来约束、控制工匠，以满足统治阶层对各类手工制品的需求。在初期的工匠管理政策中，荀子的"工匠之子莫不继事"观念较有代表性，在这一管理政策影响下，工匠群体的技艺传承呈现出一些具有东方特性的传承特点。

一、"工匠之子莫不继事"观念的提出

　　荀子，名况，字卿，又称荀卿，战国后期赵国人。据考证，他大约出生于公元前 315 年，活跃于公元前 298 年至公元前 238 年，主要在齐、秦、赵、楚等国讲学，其中在齐国稷下学宫时间最长，且多次担任学宫之长——祭酒，他的学生众多，最为有名的是韩非和李斯。荀子的思想主张以儒家、法家为基础，同时吸收了道家、墨家及名家等学派的思想，具有一定的综合性和总结性。荀子教育思想的一个重要理论基础是"性恶"论，他认为"人之性恶，其善者伪也。"所谓"伪"是指人出生后通过学习、教育的方式改善人的品性，即通过后天教育可以培养良好的道德品性。在教育内容上，荀子强调对礼义、师法、法度等的学习；在教育方法上，他主张"注错习俗"与"真积力久"的结合，强调"积"的作用。

　　"工匠之子莫不继事"语出《荀子·儒效》篇，荀子指出："故积土而为山，积水而为海，旦暮积谓之岁，至高谓之天，至下谓之地，宇中六指谓之极，涂之人积善而全尽谓之圣人。彼求之而后得，为之而后成，积之而后高，尽之而后圣。故圣人也者，人之所积也。人积耨耕而为农夫，积斫削而为工匠，积贩货而为商贾，积礼义而为君子。工匠之子莫不继事，而都国之民安习其服。居楚而楚，居越而越，居夏而夏，是非天性也，积靡使然也。"[1] 在此，荀子强调的是"积"的作用，强调通过

---

1. 荀况著、周先进编:《荀子全本注译》，北京:中国文史出版社，2013 年，第 111—112 页。

后天学习的积累可以引起人的变化，积累耨耕的经验就成为农夫，积累斫削的经验就成为工匠，积累贩货的经验就成为商人。就像工匠的子女无不继承父辈的事业，都城里的人们都安于习惯穿自己国家的服装，居住在楚国就穿楚国的衣服，居住在越国就穿越国的衣服，居住在中原就穿中原的服装，这不是天性使然，而是后天的学习、积累使他们这样的。可以看出，在《荀子·儒效》篇中"工匠之子莫不继事"的提出并不是来讨论工匠传承问题的，荀子侧重讲的是后天积累、学习的作用，而以工匠后代继承父业的自然而然，来类比学习积累到一定程度就能达成某一目标的自然性。从荀子的这一类比中，我们可以看出，在荀子所处的时代，"工匠之子莫不继事"已经成为类似"都国之民安习其服"的约定俗成之事，工匠之子世代相继的传承方式已经是当时社会普遍认可的观念和已然普遍存在的社会现实。

在手工业时代，工匠群体担负着整个社会手工业品生产的绝大部分工作，其重要性不言而喻，因此，统治阶层多对工匠群体进行特别管理。《荀子·王制》篇有这样的记载："论百工，审时事，辨功苦，尚完利，便备用，使雕琢文采不敢专造于家，工师之事也。"[2] 从其中"使雕琢文采不敢专造于家"的记载来看，官府对当时手工业生产的控制是十分严格的，甚至带有垄断性质，非工师之人不得随意进行专业的手工生产活动。对于工匠这一特殊群体的管理，管仲提出了十分具体的方法。他提出："令夫工，群萃而州处，审其四时，辩其功苦，权节其用，论比

2.　熊公哲：《荀子·上》，重庆：重庆出版社，2009 年，第 174 页。

协材，旦暮从事，施于四方，以饬其子弟，相语以事，相示以巧，相陈以功，少而习焉，其心安焉，不见异物而迁焉。是故其父兄之教不肃而成，其子弟之学不劳而能。夫是，故工之子恒为工。"[3] 管仲认为工匠们聚集在一起居住，便于他们交流和讨论与工匠工作相关的话题，如讨论四时所需的不同器物，辨别质量的优劣，权衡器物的功能，比较材料的选择。工匠们从早到晚都在做这些事情，就可以做出适用于四方的器物，并用这些来教诲他们的子弟。工匠们不断讨论工作，相互交流技艺，展示成果，使得他们的子弟从小受到熏陶，进而乐其所业，不会见异思迁。这样工匠技艺的传承就成为自然而然的事情，父兄的教诲不用督促就能实行，子弟的学习也不需格外费力就能掌握。如此一来，工匠的后代自然就一直从事匠业。荀子的"工匠之子莫不继事"，管子的"工之子恒为工"都强调了工匠世业的合理性，这一观念也是早期工匠管理政策的主导观念。

二、"工匠之子莫不继事"观念的思想来源

"工匠之子莫不继事"观念是早期工匠管理政策的集中表述，通过一些有影响力的思想家、政治家的不断重写、描述、强调，使得子承父业成为一种类似天道自然的必然，而"工匠之子莫不继事"这一观念的形成，与"四民分治"的思想息息相关。

春秋初期，管仲成为齐国执政大臣，辅佐齐桓公治理国家。

---

3. 曹焕旭:《中国古代的工匠》，北京:商务印书馆国际有限公司，1996 年，第 29 页。

齐桓公初期的齐国，国势并不十分强盛，管仲提出了一系列通货积财、富国强兵的政策，并进行了系列改革，其中一项重要改革就是四民分业定居。管仲将全部国民按已经存在的四种职业分为士、农、工、商，并从便于管理、控制的角度主张"昔圣王之处士也，使就闲燕；处工，就官府；处商，就市井；处农，就田野。"[4] 对于工匠一类，管仲认为"处工，就官府"，即手工业工匠应由官府管理。四民分业而居，使人们安于其业的观点在各类文献中多有描述：

《逸周书·作雒篇》曰："凡工贾胥市，臣仆州里，俾无交为。"[5]

《逸周书·程典篇》曰："士大夫不杂于工商，……工不族居，不足以给官；族不乡别，不可以入惠；……工攻其材，商通其财。"[6]

《淮南子·齐俗训》："治世之体易守也，其事易为也，其礼易行也，其责易偿也。是以人不兼官，官不兼事，士农工商，乡别州异，是故农与农言力，士与士言行，工与工言巧，商与商言数。是以士无遗行，农无废功，工无苦事，商无折货，各安其性，不得相干。"[7]

《汉书·货殖传》："《管子》云古之四民不得杂处。士相与言仁谊于闲宴，工相与议技巧于官府，商相与语财利于市井，农相

---

4. 纪晓岚总撰，齐豫生、郭镇海等编：《四库全书精编·史部》第1辑，北京：中国文史出版社，1999年，第21页。

5. 转引自童书业著、童教英校订：《中国手工业商业发展史》，北京：中华书局，2005年，第8页。

6. 同上。

7. 刘安著，高诱注：《淮南子卷·齐俗训，诸子集成》第7册，上海：上海书店据世界书局本影印，1986年，第181—182页。

与谋稼穑于田野，朝夕从事，不见异物而迁焉。故其父兄之教不肃而成，子弟之学不劳而能，各安其居而乐其业，甘其食而美其服，虽见奇丽纷华，非其所习，辟犹戎翟之与于越，不相入矣。"[8]

《魏书》卷六十《韩麒麟附子显宗传》载显宗在孝文帝时上书云："仰惟太祖道武皇帝创基拨乱，日不暇给，然犹分别士庶，不令杂居，伎作屠沽，各有攸处。"[9]

可见，"工匠之子莫不继事"观念的形成被普遍认可，在早期手工业行业的发展中更多是出于一种"四民分治"便于管理与控制的考量，是一种自上而下的管理政策，而在手工业的进一步发展中，这一管理政策与户籍制度相结合，进一步发展为一种严苛的工匠管理制度，即匠籍制度。

随着封建社会的发展，各项国家管理制度也逐渐完善，户籍登记逐渐成为统治者管理国家的重要手段，更是统治者向民众征发兵役、徭役，征收赋税的依据。编户之民的重要组成部分之一的"工"被单独列籍，正如《永平府志》所言："工在籍谓之匠。"[10] 于是，通过户籍登记制度，工匠身份被确定下来。这些工匠一旦加入匠籍就要按照官府的律文规定，根据匠籍的不同类别到官营手工业的各级手工作坊从事一定时间的手工生产，以此充当徭役。将工匠单独管理的方式很早就有，但是将其作为一项明确的制度确定下来是在元代。

8.　班固、王继如主编：《汉书今注》，南京：凤凰出版社，2013年，第2170页。
9.　魏收撰：《魏书》（简体字本），北京：中华书局，1999年，第905页。
10.　何庆先等整理，广陵书社编辑：《中国历代考工典》，南京：江苏古籍出版社，2003年，第42页。

元代统治者使用"诸色户计"制度进行管理，简单而言就是将全国人口以职业、民族、宗教的不同，划分为不同"户计"，再对不同"户计"的权利及义务进行相应规定，即元人苏天爵所记"凡赋役调发皆按籍而行"，这就是户籍制度。元代统治者对户籍的管理是极其严格的，无论何种户计，一旦被签入籍，就成为世代相袭，不得任意变更，不得脱籍的世袭户计。元朝政府明确规定："诸匠户子女，使男习工事，女习黹绣，其辄敢据刷者，禁之。"[11] 元代匠籍制度的形成，是对"工匠之子莫不继事"观念的进一步确立，从而加强了官府对工匠群体的控制，这种管理制度一方面便于统治者对各阶层进行控制，另一方面也是以一种强硬手段保持手工业生产群体的稳定性，以满足统治阶层需求。

三、"工匠之子莫不继事"观念对技艺传承方式的直接影响

从荀子"工匠之子莫不继事"观念在手工业行业的广泛推行至元代落实为明确的匠籍制度，其中更多是上层统治者对工匠群体自上而下管理方式的体现，而这一管理理念也直接地影响了工匠技艺传承的方式，影响的显著表现即是世袭罔替的家庭内技艺传承方式的发展。

"工匠之子莫不继事"观念的提出虽主要出于"四民分治"的管理需要，但也是充分考虑传统社会结构是以家庭为基础的

11. 宋濂等撰，阎崇东等校点：《元史》，长沙：岳麓书社，1998年，第1510页。

特点而提出的现实措施。荀子说"天下之本在家",家庭是构成社会的基本单位,家庭伦理是儒家道德哲学的基础。在家庭观念基础上,按照血缘关系的远近又衍生出宗法制。宗法制,简单来说就是建立在血缘关系上区别亲疏的制度,即"尊尊而亲亲",尊敬应该尊敬之人,亲近应该亲近之人。在传统观念中,"家"的概念涵盖了由夫妻组成的小家庭以及有血缘关系的家族、宗族等。出于对家庭、家族利益的维护以及宗法制度下对嫡长子继承的优先保障,使得技艺传承会优先在家庭、家族范围内发生。"工匠之子莫不继事"观念能够得以在手工行业广泛推行与它的提出是基于家庭概念有一定的关系,同时这一观念也形成了工匠群体技艺传承方式的突出特点:世袭与家传。

　　世袭制有自身的历史发展过程,先秦时期有世卿世禄制度,上至天子、封君,下至公卿、大夫、士,他们的爵位、封邑、官职都是父子相承的。秦代商鞅变法,改革了爵位世袭传承,至汉代重新恢复了爵位世袭制,后世虽在具体世袭爵官、世袭时间等方面有所调整,但整体而言,世袭制一直被延续使用,至清初顺治八年形成世袭罔替制。在爵官之外,对于职业世袭有较严格规定的就是工匠阶层。《礼记·王制》曰"百工及执技事者,不贰事,不移官",[12] 明确规定百工不能迁业,需世代相继。"工匠之子莫不继事""工之子恒为工"等观念的推行,至元代匠籍制度的形成,已然将工匠身份的世袭上升至律法高度,成为不

12. 蔡锋:《中国手工业经济通史·先秦秦汉卷》,福州:福建人民出版社,2005年,第213页。

得不遵守的准则。可以说，工匠技艺传承的世袭性在早期手工业发展中基本是官府以强制手段强加于工匠群体的。[13]

　　家传，即家庭传承，主要指以家庭为单位，在家庭内部传承技艺的方式，即常说的"父传子""母传女"，也包括了具有血缘关系的家族成员之间的技艺传承。工匠群体在技艺传承中主动选择家庭传承有着现实因素的考虑。由于工匠群体在传统社会一直没有完全的人身自由，社会地位也不高，技艺成为他们安身立命的根本，也是他们争取社会地位的唯一凭借。技艺能够为工匠带来经济利益、社会名声及地位，一部分工匠甚至能够借助精湛的技艺升迁为官，走上仕途。工匠"凭技入仕"为官并不符合古代社会选拔官吏的常规制度，因此，工匠"凭技入仕"并没有形成相对固定的升迁制度，但是关于工匠"凭技入仕"的记载却较为常见。摘录如下：

　　元代正德《姑苏志》曾记载，顺帝至正年间（1341—1368年），平江漆匠王某，富创意、巧思，"尝以牛皮制一舟，内外饰以漆，解卸作数节，载至上都，游漾滦河中，可容二十人……又尝奉旨造浑天仪，可以折叠，便于收藏，其巧思出人意表，遂命为管匠提举。"[14]

　　永乐十八年（1420年），"升营缮清吏司郎中蔡信为工部右

---

13. 需要说明的是在历史发展中，工匠群体也并非一直处于被动管理角色，工匠会以各种方式抵抗官府的强制管理，官府也会适时调整具体的管理政策，这是一个双向博弈的过程。在手工业发展后期，官府已不需要刻意强调工匠世袭，工匠群体出于自身利益考虑反而多数主动选择了世袭，其演变过程十分有趣，此处不展开论述。
14. 正德《姑苏志》卷56，人物·艺术，《天一阁明代方志选刊续编本》，上海·上海书店，1991年。

侍郎……营缮所丞杨青等六员为所副，以木瓦匠金珩等二十三人为所丞。"[15]

　　洪熙元年十月，因营建献陵有功，"升营缮所正郁荣为工部主事，升所丞王文等十三人为所副，升工匠徐诚等十五人为所丞。"[16]

　　正统十二年闰四月，因修城有功，"升工部营缮所所副蒯祥、陆祥俱为工部主事。"[17]

　　对于工匠而言，能够凭借技艺获得入仕为官的机会十分难得，它对于工匠个人及其家族都有重要意义，明代工匠出身的著名匠官蒯祥因技入仕并因此对蒯氏家族甚至香山帮工匠产生了重要影响，清代宫廷样式房的雷氏家族更是创造了工匠家族的辉煌历史。因此，出于现实因素的考量，工匠群体的技艺传承首先会选择在家庭内部传承就非常容易理解了。

　　"工匠之子莫不继事"观念影响下的世袭家传的技艺传承方式与"师傅带徒弟"的师徒相传方式相比，具有一些天然的优势。由于中国古代社会格外强调宗族血亲关系，不论是作为家庭副业的手工业还是职业化的手工业，其技艺传承首先依托于父传子、母传女的家庭内部传承，受宗法观念的影响，家族利益与个体利益密切相关，家族兴盛则个体利益也有所保障，因

15.　陈绍棣：《试论明代从工匠中选拔工部官吏》，科技史文集第 11 辑建筑史专辑 4，上海：上海科学技术出版社，1984 年，第 128 页。

16.　《宣宗实录》卷 10，转引自胡平《明清江南工匠入仕研究》，苏州：苏州大学，2009 年，第 23 页。

17.　《英宗实录》卷 153，转引自胡平《明清江南工匠入仕研究》，苏州：苏州大学，2009 年，第 23 页。

而，在家庭、家族内部的技艺传承方面是相对无私的，许多绝技、秘方之类的关键技术会不保留地传给家族后人。相对而言，师徒传承很难做到传艺的无私性，"同行是冤家"的说法直白地表明了同行业从业者之间的竞争关系，徒弟学艺成功后必然要成为师傅的同行，也正是基于此，师傅带徒弟时往往不会将自己的技艺倾囊相授，都会"留一手"，这是师徒制传承方式不可避免的问题。从这一角度而言，"工匠之子莫不继事"理念影响下的家庭内技艺传承方式在传统手工业时代是更符合社会时代特点、更有利于技艺完整传承的一种方式。

四、工匠群体技艺传承方式中东方特性的体现

受"工匠之子莫不继事"观念影响的工匠群体技艺传承呈现出世袭与家传的特点，而以家庭为单位的技艺传承方式在技艺的具体传承方法上也体现了东方思维方式的特点，具体表现为言传与身教的结合，独特的心传与物传方式。

言传身教是中国民众做人和育人的宗旨，而言传与身教也正是工匠技艺传授的主要方式。言传，指通过语言形式传播、传承工艺经验和技法要点；身教，指技艺传播者不仅要通过语言传播，还要以身示范，向子弟展示关键技术的操作，在实际操作中完成工艺技术的传授。言传身教的结合，形成了古代工艺技术独特的传承方式。在封建等级社会中，掌握工艺技术的工匠群体基本没有机会接受文化教育，很少有工匠具备读书写字的能力，因此，一些与工艺技术传承相关的技术规律、经验

诀窍不能以文字记录的形式传给后人，它多以语言这一朴素、直接的方式进行。正所谓"积一得之言，记于心，流于口，祖辈相传，遂奉之为诀。"[18]尤其是在以家庭为中心的技艺传承环境中，技艺口诀的言传方式是父子、母女间最为直接、有效的传授方式。在民间手工艺行业中，口诀的使用也较为广泛。如惠山泥人创作口诀，讲制作工艺流程的有"先开相，后装花，描金带彩在后头"，讲用线及用彩的有"直线要直，曲线要曲""红要红得鲜，绿要绿得娇，白要白得净"。这些口诀大多朗朗上口，便于记忆，内容也为技艺流程或技术要领，对初学者非常有帮助。

　　工匠技艺口诀的流传主要靠口耳相传，口诀的内容都是历代流传下来的，不会有很大变化，而对口诀的理解则要看个人悟性，对同一口诀的理解程度因人而异，这也是言传方式无法规避的问题。为了更为全面、快捷地对工匠进行技能培养，与言传身教方式相辅的还有物传方式。物传，主要是以物的形式流传，包括像年画、剪纸、刺绣等的画谱、花样、粉本等都属于物传范围，其他工艺品类泥塑、面塑、砖塑等也有一些程式化的范本、模具等，这些直接以"物"的形式流传下来并成为工匠教育重要方式的谱样、范本可以统称为"物传"。物传方式以实物的形式记录、保存了相关工艺信息，并以"物"的形式达到传承、传播的目的，它突破语言的局限性，能够在更广泛的范围内流传，对于工艺技术的传承和传播有重要促进作用。

　　传统工匠技艺教育方式中最独特的方式是"心传"。"心传

18.　王慈、蒋凤编：《艺谚艺诀集》，南宁：广西人民美术出版社，1985年，第36页。

是集言传身教、物象及文字信息传播为一炉的综合传授形式。"[19]
在采访一些民间剪纸艺人怎样创作一个新的样子时，他们的回
答极其相似："心里有的""心里想着剪成什么样就剪成什么
样""样子就是心里出的"，这就是心传的一种表现。传统工匠
所进行的手工创作，不仅仅只是一门技术，在技术之外还需要
一定的创造性、悟性，这种悟性是无法言传也无法身教的，只
能靠学艺者在长期的实践中慢慢体会，最终达到"心领神会"，
类似老百姓说的"开窍"。心传没有任何模式，它完全是一种内
在精神的传达，是一种无形的心理表达，其构成因素是十分复
杂的。能够做到工匠们所说的"心里有样子"，实际上需要多方
面、较长期的积累，其中涉及工艺、审美、文化、历史等诸多
方面的知识，这些知识经过长期积累内化于工匠心中，成为工
匠自身工艺思想的一部分，再经由作品外化、显现出来。因此，
心传完全是一种内化的传承方式，无法具体言说，也没有任何
现成模式可以借鉴，靠的是学艺者与传艺者之间的心性相通，
这种沟通是长期相处、默契配合下的一种心灵感应。毫无疑问，
以世袭方式主要在家庭内发生的技艺传承，在心传方面具有明
显优势，这也是名家工匠之后大多也技艺高超的原因之一。总之，
心传是传统工匠独创的传承方式，其核心已突破技术层面而上
升为一种工匠创作精神，这种精神也是传统手工业不断发展的
内在动力所在。

　　总而言之，以"工匠之子莫不继事"观念为代表的早期工

---

19. 潘鲁生：《民艺学论纲》，北京：北京工艺美术出版社，1998年，第300页。

匠管理政策深深地影响了工匠群体技艺传承的方式，在中国特殊的社会历史结构及思想文化背景下，结合东方思维的独特方式形成了具有东方特性的传承方式。通过这一传承方式的研究，可以让我们感受到东方设计智慧的精妙。

交　流

风从西方来

——关于莫高窟第 249 窟、第 285 窟风神图像的再思考

敦煌研究院 / 张元林

一、问题的提出

　　"执风巾"风神图像在敦煌壁画中仅见两例。一例绘于北魏末—西魏初开凿的第 249 窟顶西披。画面上风神呈"兽足（爪）、兽面、肩生蓝色双翼"的人兽结合的形象，双手执一条圆弧状的风巾，作奔跑之状。风巾被画成一条流畅的圆弧形，用以表示风势强劲（图 1）；另一例见于西魏大统五年（公元 539 年）左右完工的第 285 窟西壁所绘的摩醯首罗天的头冠中。画面上风神的头部和双手分别从头冠的三个穹隆形冠中伸出，其面相呈"高鼻深目，嘴角有短髭"的胡人形象，双手分别执着一条圆弧状的风巾的两端（图 2）。

　　对于这两例风神图像来源的认识，国内外学术界至今意见不统

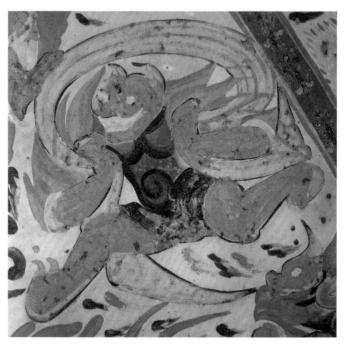

图1　"执风巾"风神　莫高窟第249窟窟顶西披

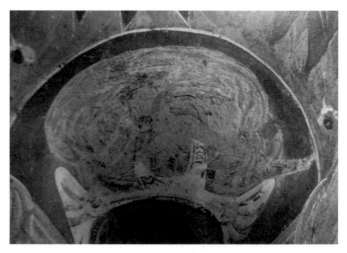

图2　"执风巾"风神　莫高窟第285窟西壁摩醯首罗天头冠

一。对于前者的图像，一直以来都认为它与第 249 窟四披上所绘的其他神灵形象一样，来自于中国传统神话题材或道家的祥瑞神灵。但从 20 世纪 90 年代起，一些日本学者开始注意到其"手执风巾"的图像特征反映出的"西方式"影响。如日本学者田边胜美首次注意到了第 249 窟这身风神"手执风巾"这一图像特征与贵霜时期钱币背面的风神图像间的相似性。[1] 其后，东山健吾也认为这身风神的图像在保持中国传统的同时又接受了西方的影响。[2] 但因为没有专论发表，所以他们的观点至今未引起国内学术界的关注。对于后者的图像，曾长期被误读为摩醯首罗天发际中化出的美貌天女，直到 1997 年才被佐佐木律子正确识读为风神。[3] 但遗憾的是，佐佐木律子就此止步，没有再对这种风神的图像来源作进一步的探究，更没有连同第 285 窟所绘的摩醯首罗天图像一起与中亚等地发现的相关图像联系起来加以考虑，故其结论仍没有跳脱"摩醯首罗天图像直接来源于印度教的湿婆神的图像"的传统观点。在佐佐木律子识读的基础上，笔者也曾对第 285 窟的摩醯首罗天及其图像来源进行了持续关注，认为它想要表达的意涵和最直接的图像来源均当与中亚粟特人祆教中的风神"韦什帕克"的图像有着密切的关系。与此同时，笔者也对前述日本学者关于第 249 窟"执风巾"风神融合了

1.　田边胜美 Katsumi Tanabe, *The Kushan Representation of ANEMOS/OADO and its Relevance to the Central Asian and Far Eastern Wind Gods, Vol. I of Silk Road Art and archaeology*, pp.51-80,1990.

2.　参见东山健吾：《风神、雷神——东西交流的一例》（论文提要），载张先堂等编《2000 年敦煌学国际学术讨论会论文提要集》，第 42 页，2000 年 8 月印。

3.　佐佐木律子：《莫高窟第 285 窟西壁内容试释》，（日本）《艺术史》第 142 册，第 121—138 页，1997 年。

中国的传统和来自西方的两方面图像元素的观点表示了认同。[4] 但是，随着近年来更多的图像资料和研究成果的收集和积累，笔者对这两窟风神图像的思考也在不断地加深，甚而认为前述学者及自己此前的一些观点有重新审视和进一步拓展之必要。故此，本文拟着重围绕"执风巾"的图像特征、"畏兽"形象以及"以牛为坐骑"等几方面进一步探讨这种风神图像的西方渊源，从一侧面揭示历史上不同形态的文明、不同文化土壤的艺术在漫长的交流与融合中呈现出的多向性和多层次性。

二、对第249窟西披"执风巾"风神图像的再认识

（一）"风巾"——"西方"风神的图像特征。

在第 249 窟窟顶四披，绘有大量的祥瑞动物和神灵形象。其中，与"风"和"风神"相关的形象，就不止一种。据前贤研究，主要有"飞廉""禺强""吹风的风神"和"持风巾的风神"

4.　参见笔者系列论文：（1）《粟特人与莫高窟第 285 窟的营建——粟特人及其艺术对敦煌艺术的贡献》，云冈石窟研究院编《2005 年云冈国际学术研讨会论文集·研究卷》，文物出版社，2006 年，第 394—406 页；（2）《观念与图像的交融—莫高窟 285 窟摩醯首罗天图像研究》，《敦煌学辑刊》2007 年第 4 期，第 251—256 页；（3）"Dialogue among the civilizations: the origin of the three Guarding deities' images in Cave 285,Mogao Grottoes"，the Silkroad Journal,Vol，6:2 (winter/spring 2009)，pp.33-48；（4）《敦煌和于阗所见摩醯首罗天图像及相关问题》，《敦煌研究》2013 年第 6 期。

5.　对于这些风神形象的府论及其相关文献引证，学者多有论述。参见孙作云：《敦煌画中的神怪画》，刊《考古》1960 年第 6 期；段文杰：《道教题材是如何中进入佛教石窟的》，刊同氏著《敦煌石窟艺术论集》，甘肃人民出版社，1988 年；贺世哲：《莫高窟第 285 窟窟顶天象图考论》，刊同氏著《敦煌石窟论稿》，甘肃民族出版社，2003 年；杨雄编著《敦煌石窟艺术·莫高窟第 249 窟（附第 431 窟）分卷》，图版 93 说明，江苏美术出版社，1995 年，等。

几种。[5]而就在该身"执风巾"风神的下方，就绘有一身几乎同样是"人身、兽足（爪）、兽面、肩生蓝色双翼"的畏兽形象，从它的口中吹出一股空气，有学者认为是雨师（图3）。[6]从现存的风神的图例中就可清楚地看出，中国汉代以来的风神更多的就是由嘴中吹气或是口衔吹管吹气来"造风"的。这样的图像，在敦煌以东的区域，最早从汉代就出现了。如河南安阳东汉墓

图2　"口吹风"风神　莫高窟第249窟窟顶西披

6.　亦有学者将此身形象识读成雨师。见杨雄编著《敦煌石窟艺术·莫高窟第249窟（附第431窟）分卷》，图版93说明，江苏美术出版社，1995年。

中所见的《风雨图》中的
风神即口衔吹管；又如今
藏于山东省博物馆东汉时
期的画像石刻上的风神也
是口衔吹管的披发侏儒形
象，而该馆所藏的另一幅
石刻中的风神则是从口中
吹出气流，身形也类似侏
儒，但面部却是"豚面"。
今藏于美国弗利尔美术馆
的南宋摹本东晋顾恺之
《洛神图卷》中的风神与第
249 窟西披下方所绘的那
身"兽面、兽足（爪）、肩

图4　"持风囊"风神　赤连悦及五百社人造像碑 现藏美国大
都美术馆

生蓝色双翼、口中吹气"的风神相一致。大约从北魏开始，在
佛教石窟和造像碑中，又出现了双手持风囊，作向外鼓风状的
新的风神形象。如河南巩县石窟北魏第 3 窟中心柱南面持风囊
的风神王，第 4 窟中心柱南面持风囊的风神王，东魏武平元年
（543 年）骆子宽等七十人造像碑右面持风囊的风神王和南响堂
山北齐第 5 窟北壁下部持风囊的风神王等 。特别是现藏于美国
大都会博物馆的一件东魏时期的"赫连子悦及五百社人造像碑"
的最下层所雕的一身头带高尖顶帽，身着窄袖圆领胡服，脚穿
靴子，怀抱圆鼓鼓的风囊的风神浅浮雕，无论人物表情的刻画
还是技艺，都达到了很高的水平（图4）。此外，这种类型的风

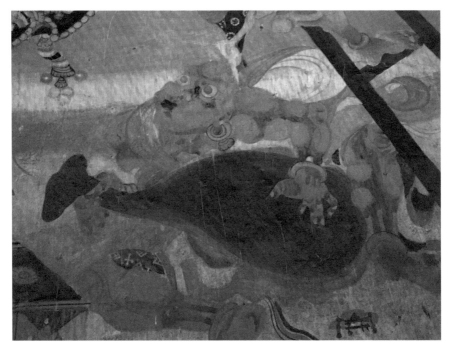

图5 "持风囊"风神 莫高窟第196窟西壁

神图像也出现在唐代敦煌壁画中，如莫高窟晚唐第196窟西壁
所绘《劳度叉斗圣变》中的持风囊风神（图5）和同时期的莫
高窟第9窟南壁所绘《劳度叉斗圣变》中持风囊的风神形象。

　　但与上述图例不同的是，笔者在敦煌以东的地区只见到了一例
"执风巾"的风神形象。在现藏于西安碑林博物馆的一件北魏景明
二年（公元501年）佛教造像碑一侧的底座一端，有一身体态健硕，
双手各执呈弧形的风巾一端作奔跑姿的风神浮雕（图6）。而在敦煌
以西的地区，则可见大量以"手执风巾"作为其明显特征的风神图
例。在地处丝路北道的古龟兹地区的石窟群中，我们可看到丰富的

图6　"执风巾"风神 北魏景明二年造像碑 现藏西安碑林博物馆

手执风巾的风神图像。如克孜尔石窟第38窟窟顶的天相图中就绘有两身上手持风巾的风神图像（图7）。面相也呈现出"胡人"面相，但胸前却是一对丰满的双乳，似乎在暗示其女性神的一面。类似的手持风巾或风袋，具有"胡人胡貌"的风神形象，在克孜尔第8窟、克孜尔第17窟、克孜尔新1窟、克孜尔尕哈第11窟、克孜尔尕哈第46窟，以及森木塞姆第11窟、森木塞姆第30窟、库木吐拉第46窟等窟中均可见到。[7] 再往西，翻越帕米尔高原（即古之"葱岭"），在今阿富汗巴米扬石窟第155窟天井壁画中的密特拉神的两侧也各绘有一身头戴高尖帽，双手执风巾的风神形象。[8] 虽然龟兹各石窟和巴米扬石窟这两处石窟的开凿年代尚存争论，但在以阿富汗

7.　具体参阅《中国新疆壁画艺术》（1—5卷）相关图版，新疆美术摄影出版社出版，2009年。

8.　参见京都大学考查队、樋口隆康编，《バ-ミヤ-ン——京都大學中亞學術調查報告》，京都：同朋舍，1983年，第1编《图版篇》，第3编《本文篇》。

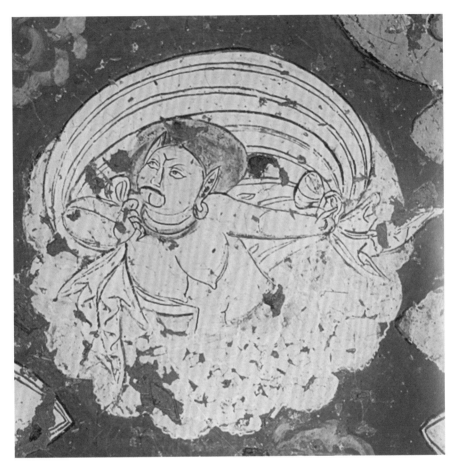

图7　"执风巾"风神　新疆克孜尔石窟第38窟窟顶

为中心，由此向西北，直抵里海，向南直抵印度河流域的广大地域，曾是古代贵霜王国（公元127—230年）的势力范围。迄今发现的贵霜钱币的背面上，也出现了多例手持风巾的风神形象，具有希腊人面相的奔跑着的风神形象。如贵霜王国迦尼色迦一世（公元

144—173 /127—147 年）时期和胡维什卡（公元 155—187 年）时期
铜币背面的手执曳满风的风巾奔跑着的风神形象。[9] 此外，在希腊
雅典的一座建于公元一世纪左右的被称为"风塔"的八面体计时塔
的八个面的外墙上，至今保存有八身体态优雅，披裹着斗篷的风神
浮雕。这种斗篷后来逐渐演化成风神手中的风巾。

　　"执风巾"风神与其他两类风神在地域分布和数量上的上
述差异性强烈地显示，"执风巾"这一图像特征并不产生于中国
本土，而是来自西方。而且，从中亚地区、新疆和敦煌所见的
此类图像均不早于公元前 1 世纪这一点来看，这种"手执风巾"
的风神图像出现在亚洲大陆，很可能是亚历山大东征及其后亚
洲腹地长期的"希腊化"后的产物。

　　（二）"兽面、兽爪、兽足、肩生双羽"形象与"乌获"

　　就莫高窟的这两身"执风巾"风神形象而言，虽然它们绘
制的时代非常接近，但如上所述，其所描绘的风神本身的形象
却完全不同。前者是一身兽面形象，而后者则是一身人物形象。
在同一地区且几乎同时期所绘的"执风巾"风神形象间却存在
着这样大的差异性。显然，它们有着各自不同的图像族属。从
目前所见的"执风巾"风神的图像来看，除了第 249 窟外，全
都呈现出人类的体貌。显然，这是"执风巾"风神形象的最基
本的图像模式。而像第 249 窟这样的"非人类"形象，则属于
另一种的图像模式。主流学界一直以来都将其定名为"乌获"

9.　田边胜美（Katsumi Tanabe）认为它们就是贵霜国信奉的风神 OADO，并且认为
它们是中亚及敦煌第 249 窟风神图像的最早例证。

或"人非人",认为其图像当源自汉代以来的中国传统神话中的畏兽形象。[10] 笔者也曾经认同这一定名。敦煌石窟中从北朝至唐代,这样的畏兽图像一直有表现。不过,近年来有学者认为初唐第322窟中出现的手托山羊或绵羊的两身畏兽当与突厥人的祆神信仰有关。[11] 更有学者将这样的畏兽定名为"焰肩神",并将之与中亚地区出现的佛教"焰肩佛"图像和其他具有祆教背景的神兽形象进行比较,认为这类形象的出现,与波斯的火祆教传入中国有关。[12] 这一观点也渐渐引起了学界的关注。有学者就认为萧宏墓碑上具有浓厚祆教色彩的图像是认识南朝萧梁时期的重要石刻艺术遗存,这是很有价值的思路。[13] 笔者也认为,这一观点为我们重新思考敦煌这类"畏兽"图像及其来

---

10. 参见孙作云《敦煌画中的神怪画》,刊《考古》1960年第6期;段文杰《道教题材是如何中进入佛教石窟的》,刊同氏著《敦煌石窟艺术论集》,甘肃人民出版社,1988年;(美)卜苏珊著、张元林译:《中国六世纪初的和元氏墓志上的雷公、风神图》,载自《敦煌研究》1991年第3期;杨雄编著《敦煌石窟艺术·莫高窟第249窟(附第431窟)分卷》,图版93说明,江苏美术出版社,1995年;贺世哲:《莫高窟第285窟窟顶天象图考论》,刊同氏著《敦煌石窟论稿》,甘肃民族出版社,2003年,等。

11. 姜伯勤:《莫高窟322窟持动物畏兽图像——兼论敦煌佛窟畏兽天神图像与唐初突厥祆神崇拜的关联》,《中国祆教艺术史研究》,三联书店,2004年,第217—224页;沙武田:《胡风浸染:莫高窟第322窟图像中的胡化因素——兼谈洞窟功德主的粟特九姓胡人属性》,《故宫博物院刊》2011年第3期,第71—96页。

12. 施安昌:(1)《南朝梁萧宏墓碑考》,载同氏编《善本碑帖论集》,紫禁城出版社,2002年;(2)《火坛与祭礼神鸟——中国古代祆教美术考古手记》,紫禁城出版社,2004年;(3)《河南沁阳北朝墓石床考——兼谈石床床座纹饰类比》,收入荣新江、华澜、张志清主编《法国汉学》丛书编辑委员会编:《粟特人在中国——历史、考古、语言的新探索》,中华书局,2005年,第365—373页。

13. 邵喆、管秋惠:《近百年来南朝陵墓神道石刻研究综述》,载南京博物院编著,徐湖平主编《南朝陵墓雕刻艺术》,文物出版社,2006年,第323—342页。

源提供了新的启示。首先，"乌获"之名最早见于《史记》卷第五《秦本纪》——"武王有力好戏，力士任鄙、乌获、孟说皆至大官。"[14]，这明确告诉我们乌获应当是一位大力士，故应当以人类的形象出现才对。事实上，其后的关于乌获的许多文献均未脱离其"大力士"的属性。如东晋葛洪《抱朴子外篇卷三十八·博喻》中就有"多力何必孟贲、乌获"及"扛斤两者不事乌获"之句，均以乌获为一人物而非兽类视之。[15] 由此，笔者以为，将第 249 窟的风神以及敦煌壁画中以"畏兽"形象出现的风神定名为"乌获"的确有商榷的余地。其次，敦煌第 249 窟风神这样的"兽面、兽爪、兽足、肩生双羽"的形象除却想象、夸张的一面外，意在模仿狮、虎之类的"威严、雄猛"，在某种程度上仍具有一定的"写实性"。同时，又含有表达人类形体动作的意念。这些特征，对比汉代以来的中国传统神话中的畏兽形象的图像，二者间似乎并没有显示自然的连接或演化过程，存在着明显的差异性。而且，在中国的传世文献中也难以找到与第 249 窟这样的"人身、兽足（爪）、兽面（虎面？）、肩生蓝色双翼"的形象特征完全相符的文字材料。是故学界目前对于"乌获"形象的认识仍然是众说纷呈，没有统一。[16] 不过，我们在北朝入华粟特人的石棺上的浮雕图案中却大量见到了与第 249 窟风神形象相像的畏兽形象，如北周安伽墓石榻腿上的

14. 《史记》（全十册），中华书局点校本第一册第 209 页，中华书局 1975 年重印本。

15. 《丛书集成初编·抱朴子外篇》，第 690、704 页。

16. 孙武军：《入华粟特人墓葬图像的丧葬与宗教文化》，第二章第四节"畏兽为乌获述考"，第 158—170 页，中国社会科学出版社，2014 年。

翼兽形象、法国巴黎塞努契博物馆所藏的东魏时期的粟特人石棺床榻腿上，以及波士顿美术馆所藏的北齐粟特人石棺床座上，都可见到这样的所谓"畏兽"的形象。虽然有学者认为是入华粟特人借用了中国传统神话中的畏兽形象来表现祆教的天神信仰，[17]但实际上这样的形象从北魏开始之际就突然涌现于墓志雕刻、墓室壁画和佛教石窟中——而这一时期也正值具有波斯文化背景的粟特人大举进入中国内地的时期——尤其是它们大量见于入华粟特人的石棺床中；再结合前述萧宏墓碑上那些与第249窟风神形象类似的形象一同出现的祆教的火坛等图像，那么我们就无法否认这样一种可能性，即：第249窟这种"兽面、兽爪、兽足、肩生蓝色双羽"的风神形象，可以向西溯源。

三、对第285窟摩醯首罗图像中"西方"元素的再认识

（一）摩醯首罗与祆教风神 Wyšprkr（韦什帕克）

莫高窟第285窟绘于本窟西壁中央大龛与北侧小龛壁面。其基本形象为三头、六臂，头戴宝冠，半侧身盘腿骑坐于一头青牛背上。摩醯首罗天三头中的正面相为天王形，右侧一面为菩萨形，嘴角留有短髭，左侧一面为夜叉形。如上所述，其正面天王相头顶宝冠中还绘有一身双手执风巾的风神形象。六臂中，上部二臂右手托日，左手托月；中间二臂似右手握铃，左

---

17. 前揭姜伯勤，第222页。

手似握短矢；下部二臂置于
胸前，右手持物模糊不识，
左手似握弓。其下身原着红
色兽皮裙，现已褪色。兽皮
裙下的男性器官明显隆起（图
8）。特别值得注意的是，除
了具有"三面三目、六臂、
骑牛背上"这一摩醯首罗典
型图像特征外，其"头冠中
绘有风神形象"并不见于敦
煌的其他摩醯首罗图像，也
不见于其他地区现存的摩醯
首罗天图像或与之相类的作
品中，为第285摩醯首罗天
图像所独有，显示其特有的

图8　摩醯首罗天　莫高窟第285窟西壁

图像学意义。首先，是这身摩醯首罗天头冠中描绘的风神形象。
与前所述第249窟风神不同，这身风神虽然也手持风巾，但却"人
首人身"，且高鼻深目，嘴角有短髭，是完全的中亚或西亚人的
面相，与前述克孜尔第38窟的风神形象基本一致。虽然目前学
界对于克孜尔石窟的开凿年代仍存争议，但从这两例风神面相
呈现出的"胡人胡貌"的一致性来看，这种风神形象只在西域
地区的相关信仰中实实在在地存在。不过，它出现在敦煌，应
该只是摩醯首罗天自身图像程式的需要。

　　其次，20世纪60年代在今塔吉克斯坦片其肯特壁画中发现

图9　风神是韦什帕克　今塔吉克斯坦片其肯特粟特人遗址出土

了带有粟特文名字的风神图像。此地即唐代昭武九姓中的米国的都城钵息德（一般认为该遗址年代在公元7—8世纪——作者注）。这个形象是壁画碎片经拼合而成的。风神身穿甲胄，三头四臂，上臂分执弓和三叉戟（图9）。因在其右腿下侧题有粟特语名文，经识读，为"Wyšprkr"（韦什帕克，粟特文"风神"之意），故国际学术界已经公认为它是祆教中的风神之一：

"三头神的衣服上有铭文 wšprkr（或 wyšprkr）。语言学家提出，这个名字出自粟特文 Vyšprkr，与贵霜钱币上的 Oēšo 这个名字联系在一起，而 Oēšo 出自琐罗亚斯德教的风神秘伐由。据信 Vēšo-parkar（维什帕克）出自阿维斯陀 vaiiuš Uparō Kairitiō（吹拂上界的风）。在佛的粟特文译本中他与湿婆（大天）[Mahadeva] 相应，被告描写成有三张脸。因此在片其肯特艺术中发现的这个有粟特文名字 Vyšprkr 的神看来是与湿婆崇拜联系在一起的，这与粟特文的文献传统是一致的。"[18] 这也印证了唐·杜佑《通典·职官

18.　B.A. 李特文斯基：《中亞文明史——文明的交匯：西元250—750 年》，第三卷，中文版，2003 年。

二十二》中关于摩醯首罗天为祆教天神的最早记载："祆，呼朝反。祆者，西域国天神。佛经所谓摩醯首罗也。武德四年置祆祠及官，常有群胡奉事，取火咒。"[19] 而且，西安发现的北周大象二年（580年）的粟特史君墓石椁浮雕中出现的手握三叉戟、坐骑为三头牛的形象表明，早在北朝时期，祆教的韦什帕克神就已被入华粟特人带至中国内地了。如果再联想到"执风巾"这一图像特征是源自印度本土之外的西北方向的话，我们很难认为第285窟的这身摩醯首罗图像的直接图像来源仍然是印度教的湿婆神图像。笔者在前述诸文中结合其头冠中的"执风巾"风神形象以及与第285窟开凿相关的历史背景和供养人图像等因素，认为这身摩醯首罗天独特的图像表达方式的来源很可能是祆教的风神韦什帕克。不过，由于当时资料和认识所限，并没有对这一图像的其他元素，特别是这一图像本身及其坐骑公牛与希腊风神、甚至更久远的巴比伦风神图像之间的可能联系进行探究。

二、"以公牛为坐骑"的持戟风神

"以牛为坐骑"是敦煌摩醯首罗图像最主要的特征之一。有意思的是，从一些贵霜时期的钱币背面图案旁的古希腊铭文可知，那些由公牛相伴、手持三叉戟的神祇形象也是贵霜文化中的另一种风神。[20] 实际上，风神与公牛相伴的图例像，早在贵霜王国和波斯萨珊帝国时期就已出现了。如前所述，早在1992

19.　（唐）杜佑：《通典》，王文锦、王永兴等点校，中华书局，1988年，第1103页。

20.　Katsumi Tanabe, The Kushan Representation of ANEMOS/OADO and its Relevance to the Central Asian and Far Eastern Wind Gods,pp51-80,Vo Ⅰ of Silk Road Art and archaeology,1990.

年田边胜美就认为，部分贵霜钱币和波斯钱币背面的希腊字母铭文 OH Þ O 并非指此前普遍认为的印度教的 SIVA（湿婆神），而是指伊朗的风神。他因此推断，贵霜帝国时期的风神有两种类型。一种是前述手执风巾的风神形象，另一种即是此前被认为是所谓的"湿婆神"的风神。它们或是三头多臂，手持三叉戟和绳索等持物；或是一头双臂但有一只公牛相伴的站立着的风神。[21] 如在一枚贵霜王之一的 Vasudeva I 时期（公元 191—231 年）的钱币背面图案上即是这样一身一头双臂，两手分持三叉戟和绳索且有一只公牛相伴的站立着的风神形象。从其旁有希腊字母铭文 OH Þ O 可知，它也是一身风神。同样的风神形象和希腊字母铭文还可在波斯萨珊帝国的创立者 Ardashir I 时期（公元 206—242 年）的钱币背面看到。

不过，笔者所见的最早以公牛为坐骑的图例，是现藏于芝加哥大学博物馆的一件约制作于公元前 2500 年—公元前 1600 年间的古巴比伦王国（公元前 3500—前 729 年）时期的陶土浮雕板。板上清晰地塑造出一身左手执二股叉，站立于一头公牛背上的风暴神形象。在今叙利亚的阿勒颇市博物馆收藏的一件制作于公元前 10 世纪晚期——公元前 9 世纪早期亚述帝国的造像碑，上面也雕刻有一身左手持三股叉，右手执短斧，站立于公牛背上的风神形象。[22] 这表明，早在古代两河流域和安纳托

21. Tanabe, OH Þ O : another Kushan Wind God，The Art and Aarchaeology of the Silk Road ,pp.51-71,1991/1992.

22. Guy Bennens: A New Luwian Stele and the Cult of Storm God At Til Barsib Masurari,Fig 7\Fig8,Louvain · Paris · Dudley(MA), 2006.

利亚地区的神话中，公牛形象和三叉戟就已经是风暴神图像的"标配"元素了。

（三）"执风巾"与"以公牛为坐骑"元素合二为一

更有意思的是，在一件出土于地处古代东西方文明交汇的"十字路口"的阿富汗贝格拉姆古城遗址的，约制作于公元 1 世纪的彩绘玻璃杯上，绘有表现古希腊众神之王宙斯神先后化作风暴神和老鹰攫取特洛伊王子、美少年加尼米德前往奥林匹

图10　化作风暴神的宙斯 今阿富汗贝格拉姆希腊化古城遗址出土　现藏法国吉美博物馆

斯山的场景。画面上宙斯化现的风暴神不仅骑于牛背上，而且双手还执着曳满风的弧形风巾（图10）。在同一件作品上，巧妙地糅合了希腊神话和美索不达米亚神话中两种风神图像的最突出特征。而在 500 多年之后，在数千公里之外的敦煌，这两种图像特征再一次"顽强地"结合在了一起！虽然这种结合只是昙花一现，其后再也不见踪迹。但是笔者认为，这种艺术上的"偶然性"无疑有着显著的意义：第一，它表明公元前 4 世纪的亚历山大东征及其后亚洲腹地的长期"希腊化"对中亚、西亚地区的持久影响；第二，也暗示着前述贵霜两种风神图像以及袄教的韦什帕克风神图像，当然还有莫高窟第 285 窟摩醯

首罗图像受到那些来自更为遥远的艺术元素的影响。由此，我们可以认为,敦煌壁画中的"执风巾"的风神图像最早源自希腊，亦很可能是亚历山大东征及其后的亚洲腹地"希腊化"的产物，此形象经中国新疆地区传到了敦煌，甚至东达中国内地。而集"执风巾"与"骑公牛、执三叉戟"两种风神特征于一体的这种图像程式再一次出现于莫高窟第285窟的摩醯首罗图像上则反映出古希腊文化、波斯文化、甚至巴比伦文化在欧亚大陆间漫长的、渐进式的影响。

四、结语

以上，对莫高窟第249窟、第285窟这两个窟中与西方影响相关的风神图像的进一步分析和对其图像源头进行再思考。笔者以为，莫高窟6世纪中叶所绘的风神图像中仍然保留了印度、中亚、西亚、小亚细亚古代文明以及古希腊、罗马神话中出现的风神的部分图像特征。敦煌壁画中类似风神图像这样的反映丝绸之路上多元文化交汇、融合的图例还有很多，通过对它们的图像来源和传播路径的分析和梳理，我们可以对"丝绸之路"上不同文化间相互交汇、融合过程所具有的渐进性、多向性和多层次性特质有更为深入的认识和理解。

"Design" 汉译与东西方 "设计" 概念的交汇

中国美术学院 / 何振纪

在拉丁语中有一个名为 "disegnare" 的词，它便是现代英语中 "design" 一词的来源。拉丁语 "disegnare" 本是 "勾画、构思" 的意思。但如今对英语 "design" 的解释却非常宽广，其原意乃受 "design" 的另一个来自拉丁语 "disegnare" 的变体——意大利语 "disegno" 的影响。英语大约在公元 7 世纪之时随着基督教的传播才开始其拉丁化。而且因为英语语音变而拼法不变的特征，使得它在拼法上带有明显的古文痕迹；特别是反映出与希腊、拉丁的词源关系以及对诸如意大利语、法语等日耳曼语种中词语的借用。英文 "diesign" 便是带有这双重特征的词语之一。

"design" 源于 "disegnare"，但又受 "disegno" 词义的影响。意大利语 "disegno" 一词的来源亦是拉丁语 "disegnare"，但它的意思却比 "disegnare" 庞大得多。"disegno" 不但指 "勾画、构思"，还指素描、艺术品的 "构图" 基础，甚至是 "创造力"。

在"disegno"衍生出以上诸多意义的过程中，意大利艺术史家乔治·瓦萨利（Giorgio Vasari）对这个词的诠释所引起的影响无比重要。瓦萨利认为"disegno"是一件艺术作品中有关的"智力的过程"（intellectual process），是模仿世界上最美事物的"创造力"，于是他得出结论认为"disegno"是各种艺术的基础。[1]瓦萨利作为开启现代艺术史之门的先驱，他对"disegno"的解释所产生的影响前所未有。于是，在瓦萨利的美学批评观中被作为因素之一的"disegno"随后便成为了英文"design"解释有关艺术术语之时的一个重要借鉴。

在针对英文"design"作为一个艺术词汇来解释的时候常常被阐述为具有狭义与广义两层意思。狭义的解释主要是指向"艺术的制作过程"，而广义的解释则指向"对某事某物的筹谋"。而在《现代英汉词典》中，名词"design"则被解释为："……计划、图样、设计图。"动词"design"解释为："绘制、制图。"这正好与《牛津英语词典》（Oxford English Dictionary）中对design的解释相配。但需要注意的是，中文里的"设计"二字与"design"相配却是较晚近之事。它跟现代汉语的最初潮流有关，而且借鉴自与中国一衣带水的日本汉字改革的经验。

在许多字词用语方面，拉丁语跟英语的关系就好比汉字跟日语的关系。因为自唐代起，中国汉字便被引入日本并被用于所有主要文献记载。直到僧人昌住编写《新撰字镜》辞典才开

---

1. Giorgio Vasari, translated by Gaston du C. de Vere, edited by Philip Jacks. The Lives of the most excellent Painters, Sculptors, and Architects. New York: Random House, 2006, p3.

始用"和训"标注汉字读音。到了日本承平年间 (931—938 年) 源顺受命编纂《和名类聚抄》辞典 , 平安时期又有《类聚名义抄》辞典逐渐对汉字做和训标注。其后橘忠编纂《色叶字类抄》辞典 , 开始按日本的假名顺序分类。平安时代以后 , 由汉字演变而来的表音文字平假名、片假名虽得以迅速地发展 , 但与汉字相比 , 仍居从属地位。尤其是明治维新后的一段时期内 , 汉字的广泛使用达到了历史的最高峰。而正是在这个高峰时期 , 日文汉字反过来对中国近代的汉语改革浪潮产生了推波助澜的影响。

　　清末从日本引进的一些新词 , 不仅代表新出现的几个单一的词 , 同时还形成了一种新的、具有代表性的构词法 , 这极大地提高了现代汉字的构词能力。"design"与现代汉语中"设计"一词所对应。据说这两词对应的词意在中国上古时代的文献中已露端倪。[2] 但在古代汉语中"设""计"是两个分离且极具歧义的字 ,对于"制图"与"计划"之意仅是其诸多意义中的一种。与"制图""计划"更为对应的古汉语则为"经、营"二字。根据《现代汉语词典》的解释 ,"经营"一词有二意 , 一是指"筹划并管理（企业等）", 二是泛指"计划和组织"。而在古汉语中 ,"经、营"亦有二意 , 其中一个意思与现代汉语词典的解释相差无几 , 但它另一个含意为"针对安排"与"布局", 则与"设计"有着异曲同工之妙 , 因而一直被使用至今。在古汉语当中单音节词一直占有着绝对的优势 , 而且同声必同部。直到"五四运动"以前 , 文言文作为占统治地位的书面语言被人们代代相传、

2.　邵宏 :《艺术史的意义》, 长沙 : 湖南美术出版社 , 2001 年 , 第 65 页。

沿用下来，其语言成分基本未变。从古籍所载看来，"设""计"二字皆是独立之动词，"设"之本义是"陈列"，而"计"之本义是"算账"之意。它们极少并列使用，偶有同时使用亦是各具含义而与今时"设计"之意义无甚相同。即便在晚清时期官方或民间的翻译事宜已日渐活跃，但基于对西方艺术的贬斥以及文言的正统地位，英文中的"design"一词并未与"设""计"有任何联系。到了清末民初之时有两件事促使这种状况得到改变，一是译书种类的扩大，另一则是近代白话文的流行。

在鸦片战争以前，中国的翻译事宜主要针对的是满蒙汉藏等诸语的翻译及部分外事翻译，后者所占的分量并非最重。在鸦片战争以后，对外文的翻译变成当时中国翻译事业最重要的部分，特别是主张"师夷长技以制夷"的洋务派的出现更标志着这种状况的确立。不过，在"洋务运动"中译书的范围虽然有所扩大，但亦仅限于格物之学为主，对于艺术设计皆不入其列。对"design"一词作翻译，乃肇起于"五四"时期的"白话文运动"。其时的"白话文运动"广泛吸收了西方的词汇资源、语法结构，其中尤以汉字"言文一致"为最重要特色。而中国汉字"言文一致"的做法实则是取法自日本的相关改革。

汉字自唐代传至日本后直至明治时期一直被奉为正政之本，但是到了18世纪之时由于西方文化东渐的出现引起一股所谓"兰学"思潮，此后越来越多的日本学者认为须对汉字进行改制。十八世纪初期较为具有代表性的学者新井白石便在其《西洋纪闻》一书中说："汉之文字万有余，非强识之人，不能背诵；且犹有有声无字者，虽云多，有不可尽所，徒费其心力云云。"[3] 同时又有西川如见亦在《町人囊底拂》中批评："唐土之文字，其数多、甚难，为世界第一。外国之文字亦通达人用万事，无不足。"[4]1798 年，本多利明更在《西域物语》说道："支那之文字，仅行于东方之朝鲜、琉球、日本，北方之满洲诸国，西方之东天竺之内。西域之文字二十五，欧罗巴（欧洲）诸国、亚墨利加（美洲）诸国、亚弗利加（非洲）、东天竺南洋之诸岛、日本南洋之诸岛、东虾夷诸岛（俄国千岛列岛）、堪察加、北亚墨利加大国，皆用此记事。虽各国各岛言语各异，用二十五字无不可示之物。"[5]

在中国爆发鸦片战争后，日本国朝野为之震动，文化界更质疑汉字是否可持，有一些学者更极端地认为应废汉字立假名或使用罗马字，其中以前岛密的思想最为有代表性。他认为汉字繁杂不便，难记难用，宇内无二，实应废除。但汉文化在日本根深蒂固，各方争持，难于动摇，废汉字谈何容易。但是在前岛密的思想中对于"言文一致"的看法却得到了各方认同。1886 年，集高见出版《言文一致》大力提倡"我口写我手"，从此日本的"言文一致"运动得到全面展开。日本关于汉字的改革不但影响日本国本土，往后亦成为中国汉字改革的借鉴。前北京大学校长蔡元培于 1919 年在《国文之将来》中便提到："日本维新初年，出版的书多用汉字，到近年，几乎没有不是言文一致的。"事实上，自晚清效仿日本"明治维新"的"文言一

3. 新井白石：《西洋纪闻》，岩波文库，1936 年。
4. 西川如见：《町人囊底拂》，京都洛阳书林柳枝轩，享保四年 (1719) 版。
5. 本多利明：《西域物语》，中央公论社，1972 年。

致"运动开始，汉语就面临着一连串的挑战。至20世纪初，面对民族性生存危机，汉语经历了"白话文运动"，推行世界语、汉字的拉丁化、语言大众化几乎是日本"言文一致"运动的翻版。而且这种仿效不但是在程序上，也体现在词语改革上。日本迅速地崛起使它成为中国人早年追寻救国之道的一个榜样，这可从清末民初派遣到国外留学生的情况中可看到。这些留学生许多成为"五四运动"的领袖式人物，日本的文化改制亦成为他们模仿的对象。现代汉语中的"设计"一词就是从这一时期被创造出来的。

　　在过去百年里，"设计"与"工艺"常常被混为一谈，这一方面是因为中国"工艺"的概念源远流长，而"设计"的概念历史短暂；另一方面则是由于"工艺"的概念长久以来一直涵盖了"设计"的内容。[6]"工艺"本是指"百工之艺"，因而又有古人言"执技艺以成器物者曰工"之谓，其中便表明"工艺"概念之广大并囊括了整个设计与造物的过程。而这一概念的用法一直沿用至清末"洋务运动"之时仍没多大变化。清末维新派代表郑观应便曾在其《盛世危言》中谈到："工艺一道为国家致富之基。工艺既兴，物产即因之饶裕……兹欲救中国之贫，莫如大兴工艺。其策大略有四：一宜设工艺专科也。中国于工作一门，向为士夫所轻易或鄙为雕虫小技，或詈为客作之儿……今拟设立工艺专科，即隶于工部，其为尚书侍郎者均须娴习工艺……一宜开工艺学堂也……今宜仿欧西之例，设立工

6.　杭间：《中国工艺美学史》，北京：人民美术出版社，2007年，第8页。

艺学堂，招集幼童，因才教育，各分其业艺之。精者以六年学成，粗者以三年学成。其教习各师由学堂敦请。凡声、气、电、光、铁路、熔铸、雕凿等艺，悉责成于工部衙门。一宜派人游学各国也……今中国亦宜亲派大臣率领幼童，肄业各国，学习技艺，师彼之所长，补吾之所短。国中亦何虑才难乎。一宜设博览会一励百工也……今中国宜于各省会镇各设劝工场，备列本省出产货物、工作器具，纵人入观，无分中外。一以察各国之好恶，一以考工艺之优拙，使工人互相勉励，自然艺术日新。"[7]又1898年，张之洞在《湘报》发布《光绪二十四年湖北设立农工各学堂、讲求农学工艺告示》中所说："工艺尤为西国擅长，中华物产富饶，五材备足，而百工朴拙，相因沿袭旧艺，祇就已知已能谋生理，执业小工即困苦毕生，无暇考究。缙绅士大夫复专攻文学，不屑讲求，即有欲学之人，又无门径可寻，以至民智日拙，游惰日多，洋货充斥，漏卮日甚，此工学不讲之故也。"[8]

　　1903年，清廷仿照日本的学制由张之洞会同张伯熙、荣庆等制定《奏定学堂章程》，即"癸卯学制"。在这部章程当中不但规定了大、中、小学堂、蒙养院、各级师范学堂与实业学堂、艺徒学堂章程，还对各级学堂的专业作了详细的划分，并因借鉴日本学制的专业设置而出现了一些新的名谓。其中"手工科"的设定可说是现代"设计"概念的雏形，因为"手工"较"工艺"

7.　郑观应：《盛世危言》附《振兴工艺制造说》。
8.　转引自袁熙旸：《中国艺术设计教育发展历程研究》，北京：理工大学出版社，2003年，第41—42页。

在概念上更为特定而清晰一些。需要注意的是,"手工"其实是个和制汉语式的外来词。"手工"在日语中有二意,一为"手先を使ってする工芸",二指"小·中学校の旧教科の一、現在の小学校の工作、中学校の技術にあたる"。[9]其中第一项解释便说明"手工"所指的是物品制作之手艺,它较"工艺"更强调基本技能的成分,这表明"手工"一词当前虽与"设计"有着明显差异,但它们在旧有学科专业培养上的部分目标是一致的;而第二项解释便指出"手工"是明治时期所颁报的日本中小学教学中的一个学科名称。洋务运动所划分的专业模仿日制,"手工"概念的引入亦使内容宽泛的工艺概念出现第一次明确的划分,同时亦为汉语中"设计"概念的形成并从"工艺"中独立出来埋下了伏笔。由于"手工"的概念与"设计"是两个不同的名词,它更多地偏向于西语中"manufactory"或"handicraft"的意思,于是在"手工"一词出现以后,在与"design"的对译中出现了另一个影响广大的词语——"图案"。

在汉语中"图""案"二字古已有之,但作为一个复合词"图案"的使用却是受到日本影响才有。日文中的"图案"一词由前日本东京高等工业学校校长手岛精一所首创。东京高等工业学校即今天东京工业大学的前身,创办于明治十四(1881年),明治二十三(1890年)手岛精一出任该校校长并创立了"图案科",这是日文中最先出现"图案"一语之时。手岛精一用"图案"来对译"design",随后便被各类工业、工艺学校所效法。

9.《大辞林》,三省堂,2006年。

受洋务派的影响，清廷于光绪三十三年（1904 年）曾遣各省学使前往该校考察，其中南京提学使陈伯陶再三前往该校并提议遣派中国学生前往留学，手岛精一欣然应允。日清政府随后以外交途径会商，决定由中国政府每年选派青年，以公费生身份，分别入东京高等师范学校、东京高等工业学校、第一高等学校、山口高等商业学校及千叶医学专门学校就读。这些留学生虽受驻日公使馆监督，实际上日常生活都在学校里受日方的照顾。手岛的学校自 1905 年起，每年招收六十名中国学生，先让他们在特别预科充实基础课程及日语，然后进本科受专业教育。这些中国学生一年比一年增加，到手岛校长告老退休时已经有两百多名毕业生。这些在手岛精一门下的中国留学生深受手岛振兴东亚工业教育理念的影响，在归国后大多投身到民国革命和建设事业中，"图案"对译"design"的用法随之也被直接使用于汉语当中。如俞剑华便曾称："图案（design）一语……十分了解其意义及画法者，尚不多见。国人既欲发展工业，改良制造品，以与东西洋相抗衡，则图案之讲求，刻不容缓！上至美术工艺，下迨日用什物，如制一物，必先有一物之图案，工艺与图案实不可须臾分。"[10] 而蔡元培在 1927 年所公布的《创办国立艺术大学之提案》中更设有"图案院"机构。

"五四"以后"白话文运动"依然余波未灭，"图案"虽然被引入现代汉语之中，但只是作为一个名词被援用，而对于描述"图案"的行动、情况以及变化时，"设""计"二字的现代

---

10. 俞剑华：《自序》，载自《最新图案法》，北京国立艺术学校，1937 年。

意义便应运而生。古汉语中"设""计"二字已是动词，此时被并置成为一个复合动词使用。像吴梦菲、陈之佛等近代中国教育的先驱在陈述有关"图案"的理论时便以"设计"一词来描述"图案"的制作情况。吾梦菲认为："我国向来只有模样、花纹这种名词，并没有图案的名称；近年来这个名词由东洋人翻译西文（英语叫做 design），传到我国，所以我国的教育上亦不知不觉的用起来了……总括说一句：凡是我们衣食住行所使用的器具之类，用一种意匠，把他的形状、模样、色彩三个条件，表明到平面上的方法，叫做图案。换句话讲，图案就是把上面这三个条件，从美的方面去考究他，使他能够满足我们人装饰的要求，并且使观者都可以得到精神上的娱乐。"陈之佛则认为"图案"是"制作用于衣食住行上所必要的物品之时，考案一种适应于物品的形状、模样、色彩，把这个再绘于纸上的就叫图案。可知图案就是制作物品之先设计的图样，必先有制作一种物品的企图，然后才设计一种物品的图样"。[11] 可见其时所称的"图案"其实已包括了手工艺及机器工艺，亦囊括了早期"艺术设计"的主要方面。此后，汉语中的"图案"一词的所指逐渐收窄、变得几近与"纹样"无异，这种情况在日语中亦一样。在"图案"的内涵发生变化的同时，"设计"的概念亦发生变化。最初，"设计"只作为一个动词，但到了民国后期已开始被当作名词使用。如身历民国末期到新中国初期的近现代工艺美术家雷圭元，便把"设计"与"图案"并列使用，表明其时"设计"已不只是

11.　陈之佛：《图案的目的与意义》，载自《图案教材》，上海天马书店，1935 年。

个动词，也是一个名词。[12] 1979年，《现代汉语词典》把"设计"一词收入其中，从此，"设计"作为一个专有名词的地位得到确立，而其意义除了包含"艺术设计"的事项外，亦包括了一切为后续行为所作的活动。[13]

此外，在"设计"一词流行以前，"工艺"与"美术"所组成的词组亦在相当一段时间里也分享着"设计"的含义。但"工艺美术"的范围一直没有包括建筑在内。"工""艺"二字在古汉语中早已有之，但正如日人柳宗悦所言，在古时"美术"与"工艺"也是没有明显差别的。"美术"一词在中国、朝鲜、日本的任何地方都没有，假设今后能够找到，其内容也与今天所指的有所不同，这一点是明确的。在日本，只是到了明治时代"美术"才作为翻译词被逐渐地推广开来。然而，"工艺"一词在中国古代就已经被使用了，并且，不是指与"美术"相对的"工艺"，而是指包含绘画在内的全部技艺。[14] 但到了蔡元培那里，"工艺"一词的范围则成为了与建筑美术、雕刻美术、绘画美术并列的"工艺美术"。

如前所述，在中国历史上的"工艺"源于"百工"之说，意指百工的技艺之意。但"百工"也不仅是指与艺术有关的技艺，同时也指所有为了生活的技艺；而"技艺"又不仅是指技术，它同时又含有艺术成分的技术在内。这使得中国的"工艺"

---

12. 雷圭元：《新图案学》，上海：商务印书馆，1947年，第212—213页。

13. 中国社会科学院语言研究所词典编辑室编：《现代汉语词典》，北京：商务印书馆，1979年。

14. 柳宗悦：《工艺文化》，徐艺乙译，桂林：广西师范大学出版社，2006年，第22—23页。

一词与英语中的"skill""art""craft""design"等名词都有相关之意。在西方的知识体系中，常将我们的"工艺美术"概念中的"传统工艺"列入"art"或"craft"的范畴；而"design"的现代指向较明确，虽然为人服务的功能因素明确，也指生活的艺术，但前提则是大工业的、批量性生产的，而不包括传统的手工艺内容。"skill""art"则与日本的"手艺"相似，基本专属手工艺领域，与"工艺美术"较为接近，但它较强调手艺技术、艺术创造的巧思。20世纪初，在中国所出现的受日本影响引进和改造的"美术工艺"一词便与后来的"工艺美术"有非常接近的渊源。20世纪20年代，蔡元培将"工艺"归入"美术"门下作为一个美术类型。到了20世纪50年代，由于中华人民共和国发展大工业的需要，国家把民间的手工艺人组织起来生产，那些产品就放在"工艺美术服务部"出售。其时每个城市都有"工艺美术服务部"，各种宗教工艺、宫廷工艺、文人工艺、民间工艺全都放在那里销售。传统工艺被作为原始资本积累特别是换取外汇的一项最主要的国家产值来源。遍布全国的"工艺美术服务部"是"工艺美术"概念约定俗成地成为与美术并列门类的现实基础，而且其影响远远超过其他的艺术形式。

开创中国工艺美术史格局的中央工艺美术学院教授田自秉先生认为，工艺既有工，也有美；既包括生活日用品制作，也包括装饰欣赏品创作；既有手工过程，也有机器生产过程；既有传统产品的制作，也可包括现代产品的生产；既有设计过程，也有制作过程；它是融合造型、色彩、装饰为一体的工艺形象。[15] 1954 年举行的"首届全国民间美术工艺展",还称之为"美术工艺",反映其概念仍未稳固。1956 年北京中央工艺美术学院建立,以及由此而启动的新中国工艺美术教育事业,使得"工艺美术"更加深入人心。1956 年以后,"工艺美术"成为与美术并列的门类,有着重要的意义,它反映出了近代中国"设计"与"工艺美术"概念相混合的一个重要因素。在 20 世纪五六十年代,为了外销而从事"工艺美术产品"的产业工人许多时候在很大程度上只是为了完成任务,而不是一种自觉的审美需要。而这一情态随着改革开放的到来,以及工业领域迅速发展的步伐而改变,由"工艺美术"向"艺术设计"的过渡,显示出了中国设计事业重新面向外部世界的必然趋势。

　　早在 20 世纪 50 年代末,"工艺美术"一词涵盖"艺术设计"被广为采用之前,"设计"译名已开始出现在对"工业艺术"行为的描述上。例如梁思成在 1949 年刊登于《文汇报》上的《清华大学营建系学制及学程计划草案》中便提到:"工业艺术学系——体形环境中无数的用品,从一把刀子,一个水壶,一块纺织物,一张椅子,一张桌子……乃至一辆汽车,一列火车,一艘轮船……关于其美观方面的设计……在另一方面,我国尚有许多值得提倡鼓励的手工艺,但同时须将其艺术水准提高。"[16]到了二十世纪八十年代,此前艺术院校的"工艺美术"专业培养工艺品或轻纺制品方面的设计人才,工科院校培养技术设计

15. 田自秉:《工艺美术概论》,上海:知识出版社,1991 年。
16. 梁思成:《清华大学营建学系学制及学程计划草案》,载自《梁思成全集》第五卷,北京:中国建筑工业出版社,2001 年,第 46 页。

和机制工艺等方面的人才。而此时为了适应现代工业发展的新要求，湖南大学等工科院校较早地创办了"工业设计"专业。1983 年 11 月，湖南大学等六所院校发出倡议，建议成立"工业产品艺术造型教学研究会"。1987 年，"中国工业设计协会"成立。至九十年代，各地艺术院校的"工艺美术"专业纷纷更名为"艺术设计"专业。1998 年，在中国教育部颁布的学科目录中，没有了中国高等教育界延续使用了近半个世纪的"工艺美术"专业，而将其改称为"艺术设计"。[17]"工艺美术"一词的地位迅速被"艺术设计"所代替，而其所指又逐渐恢复到了专指手工艺为主的范畴内。

中国的改革开放再一次开启了中外文化沟通的桥梁，对西方"design"翻译为"设计"引进接踵而至。20 世纪七八十年代，在中文世界以"设计"来对译"design"在中国台湾地区继续流行，例如 20 世纪 70 年代在台湾出版的日本学者胜见胜所著《设计运动一百年》的中文版就是这方面比较早的译介专书。[18] 这本书在台湾和香港的设计学界产生了巨大影响，包括王建柱在 70 年代所出版的一些"设计史"著作。这些著作直接影响了 80 年代初大陆学者的相关研究。如王受之便受到过胜见胜、王建柱等人的影响，在 1982 年曾编写过一本《工业设计史略》。虽然这本油印书只是当时广州美院内部的资料，直到 1987 年才由上海人民美术出版社出版，但其可视之为 80 年代初在这方面较早

---

17. 凌继尧、徐恒醇：《艺术设计学》，上海：人民出版社，2006 年，第 11—12 页。
18. 胜见胜：《设计运动一百年》，翁嘉祥译，中国台北：雄狮美术，1976 年。

定名"设计史"的著述。[19] 此外，始自 1984 年连载安·费雷比（Ann Ferebee）《设计史——从维多利亚时代到现代》（A History of Design from the Victorian Era to the Present: a survey of the modern style in architecture, interior design, industrial design, graphic design and photography）的《美术译丛》，此时亦发挥了不可忽略的影响。如今，以"设计"与"design"对译已然进入到了前所未有的匹配程度。然而，它们之间的相遇相应却经历了近百年的变迁调和。虽然只是两个词语的姻缘交汇，却同时隐现出了近世以来在东西方艺术设计文化之间的冲突与演进际遇。

19.　王受之：《世界工业设计史略》，上海·上海人民美术出版社，1987 年。

东亚工艺美术交流史意义上的唐宋时期 [1]

清华大学 / 朱彦

　　以"东方"的眼光来重新审视物质文明演进的影响和历程，首先进入我们视野的，也许应该是地域和历史。唐宋时期是东亚三国工艺美术交流史上的鼎盛时期，以中国为中心的工艺美术造作典范通常是日本、韩国效仿的对象，并对它们后世的制度、信仰和生活方式产生了重要影响。

一

　　日本遣唐使从舒明二年（630 年）八月派遣犬上三田耜开始，到宇多天皇宽平六年（894 年）九月停派为止，前后共任命过十九次（其中包括迎入唐使一次，送唐客使三次）。其间共历二十六代、二百六十四年。遣唐使派出的主要目的，是为了学习唐代的典章制度，他们既是朝廷使节，也是贸易使团，除了

1.　本文节选自笔者在清华大学美术学院获得学位的博士论文《东传风雅：唐宋中国与日韩工艺美术交流研究》中的"引言"部分，在此谨向导师杭间教授深致谢忱。

以进献和赏赐的名义与唐朝政府展开官方交流外，也从中国购买大量商品。遣唐使进献唐朝的物品，当然也具有朝贡意义，不过文献中却不多见，见诸记载者，比如唐玄宗开元二十二年（734年），日本国遣使来朝，献美浓絁二百匹、水织絁二百匹 [2]；唐肃宗上元二年（761年），遣唐使献牛角7800只 [3]；唐德宗贞元二十年（804年），入唐求法僧最澄抵达海郡（台州），拜谒台州刺史陆淳，献上金15两、筑紫斐纸200张、筑紫笔2管、筑紫墨4挺、刀子1架、斑组、火铁2架、火石8、兰木9、水精念珠1贯 [4]；唐宣宗大中年间，日本国遣王子来朝，献宝器音乐。[5]《延喜式》中"赐藩客例"记载："大唐皇，银大五百两，水织絁，美浓絁各二百疋，细絁、黄絁各三百疋，黄丝五百絇，细屯绵一千屯，别送彩帛二百疋，叠绵二百帖，屯绵二百屯，絊布卅端，望陀布一百端，木绵一百帖，出火水精十颗，玛瑙十颗，出火铁十具，海石榴油六斗，甘葛汁六斗，金漆四斗。判官，各彩帛廿疋，细布卅端。行官，各彩帛五疋，细布十端。使丁并水手，各彩帛三疋，细布六端。但大使、副使者，临时准量给之。" [6] 应是9—10世纪朝贡中国的定例，所出都是当时日本国土的特产。针对日本的朝贡，唐王朝的回赐物有朝服、紫衣、乐器（紫檀琵琶等）、漆角弓箭、甲胄、绫锦、白檀香木等。

2. 《册府元龟》卷九七五《外臣部·褒异二》。
3. 《续日本纪》卷廿三《淳仁纪三》。
4. 《显戒论缘起》。
5. 《册府元龟》卷一一一《帝王部·宴享三》。
6. 《延喜式》卷三十《大藏省、织部司》。

宋代中日交流中发挥主要作用的是入宋僧，他们也承担着一定的朝贡任务，比如宋太宗端拱元年（988 年），僧人奝然派弟子嘉因与唐僧祚干搭乘台州商人郑仁德的归船，向太宗献上的礼品便有：

贡佛经，纳青木函；

琥珀、青红白水晶、红黑木槵子念珠各一连，并纳螺钿花形平函；

毛笼一，纳螺杯二口；

葛笼一，纳法螺二口，染皮二十枚；

金银莳绘筥一合，纳发鬘二头，

又一合，纳参议正四位上藤佐理手书二卷、及进奉物数一卷、表状一卷；

又金银莳绘砚一筥一合，纳金砚一、鹿毛笔、松烟墨、金铜水瓶、铁刀；

又金银莳绘扇筥一合，纳桧扇二十枚、蝙蝠扇二枚；

螺钿梳函一对，其一纳赤木梳二百七十，其一纳龙骨十橛；

螺钿书案一、螺钿书几一；

金银莳绘平筥一合，纳白细布五匹；

鹿皮笼一，纳＜豸尼＞裘一领。[7]

宋神宗熙宁五年（1072 年），成寻与弟子赖缘、快宗、圣秀、惟观、心贤、善久、长明 8 人与宋商曾聚、吴铸、郑庆等乘船入宋，

---

7. 《宋史》卷四九一《外国七·日本》。

于延和殿朝见神宗皇帝，献上银香炉、木槵子、白琉璃、五香水精、紫檀、琥珀装束念珠、青色织物绫。[8] 宋神宗元丰元年（1078 年），日僧仲回搭乘海商孙忠的船，身携答信物、大宰府牒，抵达明州，献上絁 200 匹，水银 5000 两。[9] 宋神宗元丰二年（1079 年），高丽国使柳洪，奉高丽国王之命，将日本制造的车进贡给宋朝。[10] 宋太宗雍熙元年（984 年），日僧奝然与其徒五六人浮海而至，献铜器十余事，并本国《职员今》、《王年代纪》各一卷。[11] 宋真宗咸平六年（1003 年），寂照与弟子元灯、念救等八人入唐，"进无量寿佛像、金字法华经、水晶数珠。"[12] 南宋孝宗干道九年（1173 年），日本太政大臣平清盛赠大宋国明州沿海制置使（司）返牒，并献上法皇和平清盛的赐物莳绘厨子 1 脚，收纳了色革 30 枚，莳绘手箱 1 合，收纳了砂金 100 两，剑 1 腰，手箱 1 合。[13]

针对日本的朝贡，宋代朝廷的回赐物有紫衣（金罗紫衣）、僧衣、香染装束、束帛、绫锦绢罗、袈裟、茶器、琉璃灯炉、香料（丁子、麝香、甘松、衣香、甲香、沉（沈）香、欝金、苏陆、苏芳、同朸、槟榔等）、书籍、佛像等。

朝鲜历代皆与中国保持臣属朝贡关系，秦、汉、魏晋、南北朝、唐、宋先后与朝鲜三国时代、新罗和高丽的朝贡关系为和平型，即不以武力相胁迫，而是名义上的宗主臣属，附属国

8.　《宋会要辑稿》一九九《藩夷》。

9.　《宋史》卷四九一《外国七·日本》。

10.　《宋会要辑稿》一九九《藩夷》。

11.　《宋史》卷四九一《外国七·日本》。

12.　《宋史》卷四九一《外国七·日本》。

13.　《百炼抄》三月三日条。

的朝贡、宗主国的回赐，既出于双方自觉自愿，经济价值也大
体相等。而辽、金、元与高丽的朝贡关系为武力型，即以武力
胁迫乃至军事侵略，粗暴干涉高丽内政，宗主国迫使附属国贡物，
掠夺大量财物。在新罗遣使入唐的 46 次政治交往中，朝贡占了
21 次，唐朝遣使赴新罗共有 15 次。[14] 新罗入贡方物中有锦、金
总布、布匹、磁石、金银、朝霞紬、鱼牙紬、大花鱼牙锦、小
花鱼牙锦、朝霞锦、白氎布、紵衫段、针筒、镂鹰铃、海豹皮、
金银佛像、佛经等。唐朝回赐新罗的礼品，有衣冠、彩绢、紫衣、
腰带、彩绫罗、瑞文锦、五色罗、紫绣纹袍、金银精器、锦袍、
金带、彩素、绯袍、绯襕袍、绿袍、银带、银细带、鱼袋、银
碗、银盒、佛经、佛牙等。百济入贡方物见于记载的有铁甲雕斧、
金甲雕斧，唐朝的回赐物有锦袍、彩帛等。

　　宋与高丽的官方往来也很紧密，据载，高丽遣使入宋共有
67 次，宋朝遣使入高丽至少也有 32 次，其中高丽遣使贡献方
物有 56 次，宋朝回赐有 37 次。[15] 高丽入贡方物中有锦、罽、
色罗绫、苎布、金银铜器、带饰、漆甲、青瓷等。宋朝回赐高
丽的礼品，则主要有补服、绢、锦、缎、罗、绫、金银器、漆器、
瓷器等。其中，丝织品是输往南宋的重要物品。

　　辽与高丽的官方贸易就更加频繁，仅见诸记载者，就有高
丽遣使入辽共有 173 次，辽遣使入高丽则至少有 212 次。[16] 高丽

14.　杨昭全、何彤梅：《中国—朝鲜·韩国关系史》（上册），天津：天津人民出版社，
2001 年，第 144 页。
15.　同上，第 233—243 页。
16.　同上，第 350—360 页。

每年有贺即位、贺辰、贺节、问候等名义向辽遣使数次，贡纳金银铜器、鞍马、藤造器物、丝织品和苎布等物，辽也一年数次以册封、贺辰、横宣等名义遣使赴高丽，输送服饰、锦、绮、绫、罗、绢等丝织品，犀玉腰带、金涂银带、象辂、鞍等马具、弓箭、仪仗和书籍等物品。

公元 12 世纪，东北地区的女真族崛起，建立金朝。早在建金之前，东女真的仆散部即与高丽接壤。同时，东、西、北女真的一些部落皆与高丽有过很频繁的交往，有的甚至归附高丽，向高丽献马、兽皮等方物，并接受高丽的封爵和赐物。公元 1125 年，金朝建立后，与高丽陆地接壤。金与高丽的官方交流也十分频繁，其中高丽共遣使入金 174 次，金遣使入高丽 118 次 [17]，高丽向金朝贡的物品有服饰和其他器用，金输入高丽的物品则主要有服饰、金银铜器等。

实际上，这些承载着制度传播的礼仪器物，也往往成为日本和韩国古代工艺美术生产中的重要样本来源，因为以官府生产为中心，所以不计工本；因为建设礼制的需要，所以积极引进技术、努力效仿形制。

二

日本派出的遣唐使既是朝廷使节，也是贸易使团，他们在归国时，往往购买大量的商品携回日本。唐制，在鸿胪寺下设置典

17.　同上，第 363 页。

客署，置有令（从七品下）、掌客（正九品上）等官员，掌管蕃客的朝贡、宴享、迎送等事，兼管在蕃客住宿的四方馆进行互市，因此，日本遣唐使也有可能和典客署进行交易。日本朝廷对遣唐大使、副使赐宴时，有时赐给大量的砂金，《延喜式》中记载遣唐使出发时，朝廷亦大量赐予絁、绵、布等，作为入唐的旅费。[18] 据《日本书纪》记载，白雉四年（653 年）孝德朝遣唐大使吉士长丹回国时带回很多文书宝物；《续日本后纪》亦载。仁明朝遣唐大使藤原常嗣回到肥前国生属岛时，日本朝廷特派检校使指令由陆路递运礼物、药品等，然后在建礼门前搭起三个帐篷，称为宫市，向臣下标卖唐朝的杂货。《入唐求法巡礼行记》还记载仁明朝遣唐使即将回国时，甚至违犯唐朝的国法去购买唐朝的物品。[19] 遣唐使携回大批珍贵的文物，对日本的工艺美术产生了重要的影响，正仓院宝物中珍藏的唐代珍品，即多数是由遣唐使带回日本的。天平胜宝八年（756 年）的《东大寺献物帐》中登录正仓院宝物，就极有可能是第 9、10、11 次遣唐使带往日本的，他们返回日本的时间分别是公元 718、734、754 年。[20]

18.　《延喜式》卷三十《大藏省、织部司》中"赐藩客例"："大唐皇，银大五百两，水织絁，美浓絁各二百疋，细絁、黄絁各三百疋，黄丝五百絇，细屯绵一千屯，别送彩帛二百疋，叠绵二百帖，屯绵二百屯，絟布卅端，望陀布一百端，木绵一百帖，出火水精十颗，玛瑙十颗，出火铁十具，海石榴油六斗，甘葛汁六斗，金漆四斗。判官，各彩帛廿疋，细布卅端。行官，各彩帛五疋，细布十端。使丁并水手，各彩帛三疋，细布六端。但大使、副使者，临时准量给之。"

19.　《入唐求法巡礼行记》开成二年四月条："八日，长官傔从白鸟清岑、长岑、留学生等四人，为买香药下船到市，为所由勘追，舍二百余贯钱逃走。二十一日，大使傔从粟田家继先日为买物，下船往市，所由捉缚，州里留着，今日被免来。"

20.　参见《日中文化交流史》中的"遣唐使一览表"。

　　北宋时期，日本对外贸易颇有衰退的倾向，曾一度禁止本国人私自到海外，因此往来商船只有宋船，但到南宋时代，日本随着武家的兴起，采取颇为进取的政策，平清盛等大力鼓励对外贸易，开往宋朝的商船也很频繁。北宋商人输入日本的贸易品大概有锦、香药、茶碗、文具等物，这从《参天台五台山记》中记载成寻入宋后在应对神宗询问日本需要哪些中国商品时的对答可以得知。[21] 宋仁宗天圣六年（1028 年）九月，福州客商周文裔前去日本，进献右大臣藤原实资的方物中，有翠纹花锦 1 匹、小纹丝殊锦 1 匹、大纹白绫 3 匹、麝香 2 脐、沉香 100 两、丁香 50 两、薰陆香 20 两、石金膏 30 两、可梨勒 10 两、各色牋纸 200 幅、光明朱砂 5 两、丝鞋 3 双。[22] 而从日本输出的商品，基本也与前代相似，大致以砂金、水银、锦、绢、布等为主。南宋时期，因为日本禁海令的消除，前来中国的日本商船络绎不绝，宋朝的贸易港设置市舶司管理一切贸易，外国船一入港，市舶司的官吏便前来检查宰货，进行抽分、博买，然后再听任普通商人交易。所谓抽分，就是按照货物的几分之几抽取进口税，税率因时、因地、因货物的粗细而各有不同，但一般都是十分之一。所谓货物之粗细，是指量重体大、价格低廉的货物叫粗色；量轻体小、价格昂贵的货物叫做细色。[23] 据《宝庆四明志》记载，南宋宝庆年间

21.　《参天台五台山记》卷四十月十五日条："皇帝问，日本风俗。……一问，本国要用汉地是何货物。答，本国要用汉地香、药、茶埦、锦、苏芳等也。"

22.　《小右记》长元二年三月二日条。

23.　木宫泰彦：《日中文化交流史》，胡锡年译，北京：商务印书馆，1980 年版，第 245—249 页。

（1225—1227 年）日本输入中国的细色货物有金子、砂金、珠子、药珠、水银、鹿茸、茯苓，粗色货物有硫黄、螺头、合覃、松板（文细密如刷丝，而莹洁最上品也）、杉板、罗板等[24]，此外，还输出了莳绘、螺钿、水晶细工、刀剑、扇子等日本工艺美术品。值得一提的是，日本的扇子在当时的中国颇受爱重，据《皇朝类苑》记载："熙宁（神宗年号）末，余游相国寺，见卖日本扇者，琴漆柄以鸭青纸，如饼搜为旋风扇，淡粉画平远山水，薄傅以五彩。近岸为寒芦衰蓼，鸥鹭竚立，景物如八九月间。舣小舟，渔人披蓑钓其上。天末隐隐有微云飞鸟之状。意思深远，笔势精妙，中国之善画者或不能也。"[25] 相国寺在当时的东京汴京（今开封），院落宽广，商旅云集，集市上竟然出现日本扇子，本来就极有趣，且又"意思深远，笔势精妙"，连有着极高艺术品位的宋人也自叹弗如，可见在当时深受欢迎。而这一时期中国输入日本的商品，仍与前代类似，主要有香药、书籍、织物、文具、茶碗等，工艺美术品方面如源范赖于文治元年（1185 年）十月二十日将唐锦十匹、唐绫帷绢等 110 匹、墨 10 锭、唐席 50 张献给白河法皇等。[26]

　　唐与百济、新罗的官方贸易，主要以朝贡、回赐的形式进行，双方交流的工艺美术品已如前述。此外，唐与新罗的民间贸易也很发达，规模也相当可观，两国交流的物品主要有绫、锦、丝、布等纺织品，金、银、铜等金属，人参、牛黄等药材，以及诗

---

24. 《宝庆四明志》卷六《叙赋下·市舶》。
25. 《皇朝类苑》卷六十《风俗杂志》。
26. 国书刊行会《吾妻镜》，东京：大观堂，1943 年版。

文书籍等。到宋代时，宋与高丽的民间贸易就更加活跃，宋代对外贸易有广州、泉州、明州、杭州四大港口，并在明州设立对外贸易机关——市舶司，掌管海外贸易征税，管理外商和出海宋商，收购舶来货物等。宋商运往高丽的物品主要有锦、绫、罗、绢、刺绣等丝织品，还有茶叶、瓷器、水牛角、犀牛角、象牙、佛具、染料、香药等。"高丽商人输入或宋商从高丽带回的商品，主要有高丽参、各种药材、各种布料、丹漆、铜及铜器、虎皮、弓矢等武器，以及折扇、高丽纸、墨、金银器具等其他工艺品。其品类很多，仅据《宝庆四明志》卷六《市舶》高丽条记载，输入明州同工艺美术品有关的有：银子、大布、小布、毛丝布、绅、螺钿、漆、青器、铜器、席等。"[27]

辽与高丽陆地接壤，曾多次入侵高丽，因此高丽对辽持有很大的戒备心，高丽为巩固边防，免遭侵略，一直强烈反对在辽丽边境展开民间贸易，但辽与高丽的民间贸易还是在暗地里进行，如在龙州的苎布库就常常在进行丝绢交易。

三

随遣唐使一道进入中国的，还有不少学习唐代先进文化的学生和学问僧，他们也从中国带回大量的物品，不过，与遣唐使不同，遣唐使带回的主要是彩帛、香药、家具等物，而学生、

27. 李美爱：《中国与高丽的工艺美术交流》，清华大学美术学院硕士论文，2002 年，第 8 页。

学问僧等带回的主要是书籍、经卷、佛像、佛画、佛具之类，其中的佛具包含不少精美绝伦的工艺美术品。比如入唐八家之一空海携回的诸尊佛龛，现藏和歌山县高野山金刚峰寺，正中端坐的白檀木造优填王正是印度造像的特征。据空海法师的请来目录，此像最早由金刚智从天竺带来，传给弟子不空、惠果，作为法门传承的信物，惠果又将其传给了空海。再如法隆寺收藏的唐开元七年（719 年）请来的坐像 1 具、金堂舍利 5 粒 [28]，九陇县唐开元十二年（724 年）铭墨漆琴 [29]，都是通过入唐学问僧携往日本的。其余如佛像、仗剑、袈裟、汤瓶、瓷碗、琉璃供养碗、挂杖等亦不知其数。

其中尤其值得一提的是，安祥寺的开创者惠运于贞观九年（867 年）勘录的《安祥寺伽蓝缘起资财帐》中登录了惠运等人从唐朝携来的物品，实可视为日本入唐学问僧回国时所携物品的代表：

金铜小佛像 7 躯
法界、金刚、摩尼、莲花、业用的虚空藏佛像各 1 躯、八大明王像各 1 卷、文殊菩萨像 1 躯、僧伽和尚像 1 躯
三股金刚杵 4 口、独股金刚杵 2 口、三股金刚铃 3 口、五股金刚铃 2 口

28.《法隆寺伽蓝缘起并流记资财帐》，见东京帝国大学文科文学史料编纂《大日本古文书》（卷二），东京：东京帝国大学，1901 年版，第 578—624 页。
29.《斑鸠古事便览》，见《大日本佛教全书·寺志丛书第一》，东京：佛书刊行会，1915 年版，第 36—123 页。

佛舍利 95 粒（安置在波斯国瑠璃瓶子中）、浴佛舍利塔 1 基
诸仪轨

五股金刚杵 1 口、率都婆铃 1 口、羯磨金刚杵 4 口、金刚
簟 1 口、金刚橛 4 口、金刚指环 1 口、金刚粟文圆花盘 5 口、
金刚子念诵珠、

佛顶尊胜陀罗尼石塔 1 基、绣额 2 条、绣幡 8 流

白铜钟 1 口、金刚香炉 1 具、白铜澡瓶 2 口、白铜三脚瓶
子 1 口、白铜沙罗 9 口、白铜盏盂 8 口、白铜写阏伽瓶子 1 口、
白铜叠子 20 口、白铜酢杓子 1 柄、笛 1 口、白铜镜子 1 具

大唐笠子 1 盖、义和槌 1 支、柽木经台 1 基、笠子 1 盖、
漆泥椅子 11 台、白藤箱子 1 口

大唐研钵 3 口、大唐瓷瓶 14 口（白 2·青 12）（以上为唐物）

铁釜 2 口、铁钴母子 4 口、铁整 2 面、铁臼 1 口、熟铜悬 1 口、
铁竃 1 脚、瓮 3 口（以上，是唐人的施舍）

白铜叠子 130 口、白铜五盛垸 8 叠、白铜阏伽盏 10 口、白
铜打成涂香盘 8 口、白铜圆匙 10 柄（以上是新罗物）

白瓷茶瓶子 1 口、白茶碗 1 口、茶垸 61 口 [30]

当然，不仅入唐学问僧归国时携回大量的工艺美术品，还
有道明、道荣、道璿和鉴真和尚等入籍日本的唐朝僧人，他们
也携去不少做工精美的工艺美术品，其中尤以鉴真东渡携往日

30. 《大安寺伽蓝缘起并流记资财帐》，见东京帝国大学文科文学史料编纂《大日本
古文书》（卷二），东京：东京帝国大学，1901 年版，第 624—662 页。

本的工艺品规格最高，也最富代表性：

漆合子盘 30 具、兼将画五顶像 1 铺、宝像 1 铺、金漆（染）泥像 1 躯、六扇佛菩萨障子 1 具、月令障子 1 具、行天障子 1 具、道场幡（幢）120 口、珠幡（幢）14 条、玉环手幡（幢）8 口、螺钿经函 50 口、铜瓶 20 口、华毡 24 领、袈裟 1000 领、裲（裙）衫 1000 对、坐具 1000 床（介）、大铜盂（盖）4 口、行菜盂（竹叶盖）40 口、大铜盘 20 面、中铜盘 20 面、小铜盘 40（30）面、一尺面铜叠 80 面、小铜叠 200 面、白藤簟 16（6）领、五色藤簟 6 领、如来肉舍利 3000 粒、功德绣普集变 1 铺、阿弥陀如来像 1 铺、珣白旃檀千手像 1 躯、绣千手像 1 铺、救世观世音像 1 铺、药师弥陀弥、勒菩萨瑞像各 1 躯、同障子、玉环水精、手幡 4 口、金珠□国瑠璃□（？）、菩提子 3 斗、青莲华（叶）20 茎、玳瑁叠子 8 面、天竺草履 2 緉、阿育王塔样金铜塔 1 躯。[31]

这里值得注意的是，在鉴真东渡的过程中，还充斥着大量的外国人，其中有新罗人、日本人、婆罗门、昆仑人、波斯人、大石国、师子国、骨唐国、赤蛮、白蛮、胡国人、瞻波国人等。[32] 鉴真携往日本的舍利，就极有可能得自梵僧。而今天被列为日本国宝的

31.　梁明院：《唐大和上东征传校注》，扬州：广陵书社，2010 年版，第 26 页。
32.　参见王勇：《鉴真和上与舍利信仰——高僧传的史实与虚构》："第一次东渡的僧人中就有新罗人（或渤海人）如海和日本人荣睿、普照、玄朗、玄法等；在第五次东渡失败后的漂流地，还耳闻目睹了婆罗门、波斯、昆仑、师子国、大石国、骨唐国、白蛮、赤蛮等外国人，并请胡人医生治疗眼病。在第六次东渡时，随行人员包括'胡国人安如宝、昆仑国人军法力、瞻波国人善聪'等异族人。"

白琉璃壶和包裹舍利瓶的方圆彩丝花网，都带有浓厚的波斯风格。这也可以视为梵僧向日本直接移植西域文化的例证。

到北宋 160 年间，因为日本的闭关锁国，名留史册的日本僧人仅有 20 人，著名者也只有奝然、寂照、成寻等三四人。南宋时期，日宋之间商船往来极为频繁，见诸记载的入宋僧就有 110 人。入宋僧携来中国的工艺美术品，一部分用于朝贡进献朝廷，一部分则是作为供养品施舍到中国寺院的。较有代表性的比如宋僧念救归国时，右大臣施送天台山大慈寺的工艺品就有：木槵子念珠（6 连，4 连琥珀装束、2 连水精装束）、螺钿莳绘二盖厨子 1 双、莳绘笥 2 合、海图莳绘衣箱 1 支、屏风形软障 6 条、奥州貂裘 3 领、七尺鬘 1 流、砂金（100 两，放入莳绘丸笥）、大珍珠 5 颗、橦华布 10 端。[33]"安元元年（1175 年），僧觉阿在赠给他的师父杭州灵隐寺佛海慧远的物品中，有水晶降魔杵及数珠二臂，彩扇二十把。又，建长七年（1225 年），前关白藤原实经接受了东福寺辨圆的意见，督率同族的儿女昆弟等亲手抄写《法华经》四部共三十二卷以报答亡母准三后太夫人的恩德，装在镂金螺钿的分层匣中，施舍给辨圆师父无準师范的塔院，也即杭州径山的正续院。建长八年（1256 年），高野山禅定院的觉心（法灯圆明国师）曾以水晶念珠 1 串、金子 1 块赠给他的师父宋朝杭州护国仁王禅寺的无门慧开（佛眼禅师）。"[34] 可见莳绘、螺钿、水晶、珍珠、念珠等工艺品，是宋时中日宗教往来中常见的工艺品种类。

---

33. 东京大学史料编纂所《御堂关白记》，东京：岩波书店，1952 年版。
34. 木官泰彦：《日中文化交流史》，胡锡年译，第 303 页。

　　当然，作为东亚地区主要的宗教信仰，佛教在朝鲜半岛也十分流行。有唐一代，来中国求法的新罗僧人就有 173 名。高丽王朝更是崇尚佛教，将其作为国教，加以提倡，并建立一系列的崇佛制度，比如在名僧中选拔国师、王师，聘为王室顾问，又在太学中增设僧科，对僧侣进行考试，授以法阶。为进一步发展佛教，又采取向宋请佛经、派僧侣，入宋求法、欢迎宋僧前来高丽传法和刊刻佛经等措施。新罗向唐进贡的佛教工艺品有金银佛像、佛经，唐对新罗的回赐有佛头骨、佛牙、佛舍利、佛所著绯罗金点袈裟等。高丽输入宋朝的佛教工艺品有经像、佛像，宋对高丽的回赐有金函盛佛牙头骨等。

　　佛教工艺美术品的交流在东亚地区意义重大，因为在佛家看来，布施物越精工，信仰便越虔诚，因此这些工艺美术品总是采用最新的技术，使用最好的材料，而因为供养的需要，它们往往也促进交流双方悉心研究技术，努力精工细作。

四

　　胡风盛行是唐代工艺美术中的重要特征，当然也间接地传入奈良时期的日本，前述已揭，随鉴真东渡的有胡国人、昆仑国人、瞻波国人等，这些来自印度、波斯、西域等地之人经过唐朝直接来到日本传播文化，他们携带大量具有西方风格的工艺美术品，比如盛放鉴真和尚舍利的金龟舍利容器，以及今藏正仓院的琉璃高杯、十二曲长杯等物，都体现着浓郁的西方风情。鉴真和尚的随从胡国人安如宝在修建唐昭提寺时出过力，后来又任少僧都，成为桓武天皇以下皇妃、皇太子、公卿等的戒师，塑造唐昭提寺讲堂丈六弥勒像及金堂左侧侍丈六药师像的军法力则是昆仑人，他们都对奈良朝的工艺造作产生过一定程度的影响。

宋代是内敛型的文化，在中华传统的审美风格上尤其精益求精，但辽、金等民族的崛起并恃也在中国与日、韩的工艺美术交流中产生过重要作用。辽、金具有民族风格的服饰品、金银铜器等大量输入高丽，不仅因为双方地缘上的接壤，也有不少工匠间的往还。

由此可见，唐宋时期在以中原王朝礼乐文化为中心的工艺美术风格东传韩国、日本的同时，也有域外文化、民族文化等异样多彩的风格因素间接流传，它们对中国工艺美术风格在向东演进的过程中，自然也产生过不容忽视的作用。

以上大致把唐宋时期东亚三国工艺美术交流的途径和形式讲清楚了，可以看到，朝贡、贸易、宗教和文化是四个主要方面，而如果我们再进一步引入交流之后工艺美术风格相互交错的梳理成果，就会知道，与西方工艺美术交流追求形似不同，形似的背后不过反映的是一种风俗的接纳，唐时"人们慕胡俗、施胡妆、着胡服、用胡器、进胡食、好胡乐、喜胡舞、迷胡戏，胡风流行朝野，弥漫天下，因此，中国的工艺美术创作，犹如织锦和金银器，也常常浸染上浓郁的西方色彩。"[35] 东亚工艺美术交流则更多的是出于一种内在的"神似"，这种神似最直接的指向就是礼乐制度与宗教信仰。

35.　尚刚：《隋唐五代工艺美术史》，北京：人民美术出版社，2005 年版，第 4 页。

教　学

传统整体观与综合设计

中国美术学院 / 陈永怡

引　言

中国美术学院设计学科这两年提出了"东方设计学"的学科发展方向，本文即是在这个学术框架下，对相关问题所作的不成熟的思考。

当我们表述"设计东方学"或"东方设计学"时，我们是以一个既有的"西方"为参照系的。在全球化时代，东西方本不应再次成为文明和经济界分的标线，因此笔者更倾向于认为，"东方设计学"的"东方"不仅仅是地域上的概念，更指向了文化传统和文化身份标示的一种自觉。

近代西方列强的海外殖民和贸易活动，促发了对东方的研究或"东方学"的兴起。殖民背景下产生的"东方学"，必然带上西方中心主义的色彩，欧洲人以他们的文明优越感对东方产生统治心理和视角，东方成为西方的"他者"。而当下的"东方学"已经成为一个学科，从事"东方学"的人最不满大家说起"东方学"就是赛义德的《东方学》，他们认为译成"东方主义"或

"东方观"更贴切。就"东方学"研究而言，有西方的"东方学"研究，有东方的"东方学"研究，也有中国的"东方学"研究。作为中国的"东方学"研究，最重要的就是不再以"他者"的眼光来审视自己的文化艺术，而是以"自我"为视点，从中国人观察世界的角度和思维方式出发来思考问题。依笔者的理解，"东方设计学"首重文化立场，即要立足于中国自身的社会实际，解决中国的实际设计问题，强调文化的传承和发展，建构中国的当代设计思想和设计方法。如此，设计的民族化、本土化或传统活化，就不会再停留于脸谱、剪纸、灯笼这些符号化的元素，而有可能上升到思想和观念层面的内容。

　　杭间先生在《设计道》前言中将设计的文化立场提高到民族文化生存的战略高度，他说，在经济全球化过程中，设计师是最有可能全球化的职业，他以产品设计和消费为媒介所体现的文化立场也最有可能面临全球化趋同的危险，因此，在全球知识体系中如何保持本土性，这不仅是反抗文化全球化的需要，也是世界多样化有趣生存的必需。从这个角度看，设计"风格"问题，远不是老生常谈，而是一种民族的文化生存的战略需要。[1] 因此，在设计教育中高举鲜明的学术旗帜，以"文化引领设计"、"思想引领设计"，也许正是设计教育面对瞬息万变的社会和科技发展所必不可少的压舱石。

　　有目共睹，中国当代设计及设计教育面临着三大困境：一是没有明确的文化依托，在文化根源上摇摆不定。我们既羡慕

---

1. 杭间：《设计道——中国设计的基本问题》，重庆大学出版社，2009 年，第 5 页。

着西方的科技和文明，求取着西方的设计方法和智慧，又深知民族的文化才是根本，却只满足于符号化的应用，没有勇气去接续民族的文化创造能力；二是受到功利主义的严重侵蚀。尤其是设计教育界，商业性项目和实践替代了具有探索和批判意义的设计实验；三是没有自己鲜明的方法论，由于教育自身失去了接续传统的勇气，丧失了现实批判的动力，所以大多数设计院校也只能作技术传授，培养不出从哲学和精神层面思考问题的人才，产生不了能为设计界带来革命性影响的方法论探索。

这样的困境，需要我们真正从学理的角度，理解中国文化基因，把握中国社会文化的未来走向。当代中国的设计师，已经越来越意识到要用中国的设计来解决中国的问题，用设计来打造中国人的生活方式，用中国或东方的审美来赋予设计以中国品味。比如，东方特有的雅致、虚静、空灵所传达出的风神，成为近年来中国设计的标签。但要知道，产生这些审美特点的，恰恰是其背后的哲学思想。如果我们不深究它们的来源，所有的挪用和活化终究将停留在符号层面，产生不了新的艺术创造。在中国的文化基因中，决定中国人的思维方式和审美观念的，是中国人的整体观和系统观。由于它们高度概括了宇宙自然运行的规律，反而阻碍了中国人对事物的更深入和更细节化的认知，以及更科学的实验研究，因此近代以来逐渐被西方科学思维所替代。在今天科技发达的形势下，传统的整体观的思想遗产能否重新给予我们启示？本文即试图讨论传统整体观与设计系统的关联，并以此出发对综合设计专业作些许思考。

一、传统整体观与艺术

中国文化和中国哲学注重整体性的研究，认为宇宙是一个整体，人体也是一个整体。"昔者圣人之作《易》也，幽赞于神明而生蓍。参天两地而倚数，观变于阴阳而立卦，发挥于刚柔而生爻，和顺于道德而理于义，穷理尽性以至于命。"周易的发生，是顺和于宇宙的规律和现象，并使二者统一于合宜的关系中，又以此来探究事理，究极物性并最终通晓自然和人类的终极命运。[2] 易的整体观能覆盖整个复杂多变的宇宙，其原因在于八卦和六十四卦图形将事物的关系和结构进行了分析和概括。即一切事物都在整体中，拥有在整体中的位置，同时又具有与其他要素的结构关系，它不是独立的，都与其他产生着关系，构成一个整体的结构；而且这个整体进行着周而复始的运动。《易传·系辞下》"日往则月来，月往则日来，日月相推而明生焉。寒往则暑来，暑往则寒来，寒暑相推而岁成焉。往者屈也，来者信也，屈信相感而利生焉。"[3] 万物生生不已，周而复始，往复循环。世间一切人和事，均在循环转化关系中无始无终；同时，一切矛盾的解决也需要在循环旋转中得到解决。"无平不陂，无往不复"。表示事物对立属性的阴阳二爻，可以相互循环转化。《易传·系辞下》："变动不居，周流六虚；上下无常，刚柔相易；不可为典要，唯变所适。"[4] 这是一种动态平衡的观念，强调矛盾统一。

2. 《说卦》，陈鼓应、赵建伟注译：《周易今注今译》，商务印书馆，2005 年，第702 页。
3. 陈鼓应、赵建伟注译：《周易今注今译》，第 660 页。
4. 陈鼓应、赵建伟注译：《周易今注今译》，第 682 页。

　　整体是一个近代的名词，在古代称之为"一体"或"统体"。[5]《淮南子·诠言》："一也者，万物之本也。""一"不是唯一，而是万物之所源，是整体。所以石涛有"一画"的提法。邵雍在《皇极经世》中认为太极乾坤宇宙观是这样的分层结构，"太极既分，两仪立矣，阳下交于阴，阴上交于阳，四象生矣。阳交于阴，阴交于阳，生天之四象，刚交于柔，柔交于刚，生地之四象，于是八卦成矣，八卦相错，然后万物生焉。故一分为二，二分为四，四分为八，八分为十六，十六分为三十二，三十二分为六十四。故曰分阴为阳，递用柔刚，易六位而成章也。十分为百，百分为千，千分为万；犹根之有干，干之有枝，枝之有叶；愈大则愈少，愈细则愈繁，合之斯为一，衍之斯为万。"

　　刘长林先生将这种整体观称为"圜道观"，强调了整体运动和转化的特点。他指出，圜道观对形成和加强整体思想，以及偏重综合的认识，起到了推动作用。即将对象看作一个循环整体，不仅进行解剖和分析，更要把事物在循环运动过程中的各阶段情况加以综合的考察，才能揭示事物的本质特征。而且圜道观也引发了"系统观"，以系统的观点看世界，这也是中国古代对组织性系统很高的对象的研究取得了超乎寻常的成果，对复杂系统的认识比对简单事物的认识成就更高得多的原因。[6]

　　整体观对中国艺术审美的影响也是巨大的。不妨先说"意"，古人强调审美主体的心和意在艺术创作活动中的主体作用，《象》

5.　张岱年、成中英等：《中国思维偏向》，中国社会科学出版社，1991年，第8页。
6.　刘长林：《中国系统思维》，中国社会科学出版社，1990年7月版，第24页、第29页。

曰：复，其见天地之心乎。心，就是根本。"凡音之起，由人心生也。人心之动，物使之然也。感于物而动，故形于声。"（《乐记》）"言，心声也；书，心画也。"（扬雄《扬子法言·问神》）这源于中华民族在最初与自然相处和斗争中所形成的对自然及对人在自然中角色的认知和把握。《易经》勾勒了宇宙的秩序和运行规律。而在五行图式中，人处于宇宙的中心，处于对宇宙的领导地位，人不是自然的奴隶，而是自然的主人。所以在中国造物史和艺术美学发展史中，人的主观意志和主体情感始终是占主导地位的，如实摹仿的艺术一直没有占据主流。但是，细察中国艺术之"象"，在不似之似间，既没有走向西方式的绝对写实和如实摹仿，也没有走向弃绝物象的纯粹抽象主义，这正是因为中国艺术是托物言志、托物言情的。而物之所以能成为传达主观情思的载体，就在于中国古人认为人与自然是统一的。根据《易传》的解释，人事和宇宙有着相同的秩序和规律，可以由同一卦象序列来表示，正因为这样，才有可能根据客观事物的变化来窥视人生的凶吉。人事是宇宙的映射，宇宙是人事的外化。所以，人们可以从自然世界中找到合适的载体，成为人心表达的寄托。[7] "诗人比兴，触物圆览，物虽胡越，合则肝胆。"（《文心雕龙·比兴》）中国画中有以四君子比附君子之德，也是此理。

　　《易传·系辞》有言："天地之道，恒久而不已者也。"宇宙日新，生生不已。宇宙与自然的生命在于动。所以中国艺术也推崇"动

---

7. 刘长林：《中国系统思维》，第 388—394 页。

之美""动之趣",最高的艺术是"气韵生动",在表现上以神统形,以形写神。中国艺术以线条为写形手段,以线为美,可能也是因为线条本身是高度概括物象的产物,是流动的,具有时间性。

中国艺术也重整体之美,刻画时反对谨毛失貌。沈括《梦溪笔谈·书画》曰:"书画之妙,当以神会,难可以形器求也。世之观画者,多能指摘其间形象,位置、彩色瑕疵而已,至于奥理冥造者,罕见其人。"又譬如中国古代建筑不像西方传统建筑可以像雕塑那样独立欣赏,而是重整体平面布局,必须走入其间才能感受到它的整体之美。中国艺术讲求意境,体味的也是艺术作品的整体所传达出的意韵。

八卦和六十四重卦、阴阳五行理论,都是对世界万物的最高分类和概括,就是根据事物的外部动态形象和事物之间在功能属性上的类比相似关系来进行归并。[8]这就使得"取象比类"成为中国艺术的重要特征。中国艺术重程式,不重细节的写实,重取舍、归纳和提炼,重视对象的本质和规律,以简驭繁,以理统形。程式实质就是对自然物像高度概括后所描绘的物之理。

所有的这些中国艺术的鲜明特征,都是在整体观和系统观的影响下形成的,也可以通过整体观和系统观得到合理的解释。在早期宇宙观和自然观影响下产生和形成的中国艺术,有其不同于世界其他民族艺术的哲思和美学表现。然而,在《周易》的早期天人合一认同思想的影响下,中国的古代科学也注重横向的综合整体的思维方法,但缺少更专门化和更精细的深挖和探究。于是乎,

---

8.　刘长林:《中国系统思维》,第 408 页。

近代以来，中国屡次为西方的科学文明所伤，中国的传统文化和艺术也因而被全盘否定。虽然李约瑟曾以"科学在本质上是一种社会性的事业"来提醒科学是属于全世界的人类社会的[9]，但西方的优越感和东方的卑微感在百多年的历史中一直如影随形。

有人曾问日本设计师，为什么日本的设计都流露出简洁、恬淡、悠远的禅意。但是日本设计师却认为，禅意并不是他们的目的，化繁为简只是他们的设计哲学和思维自然而然导出的一个结果。因此，设计哲学和思维才是根本，当然，这里的设计思维并非指狭义的从客户委托到设计完成的思维流程，而是指如何理解设计的本质，如何定位设计与人、社会、自然的关系，它们都将决定设计物的最终表现。

二、设计之系统

科学史的发展已经证明，中国传统整体性的思维特点也许更符合现代科学和哲学发展的内在趋势。20 世纪 70 年代"协同学"创立。在科学把研究对象分解为越来越小的部分，科学本身也分为形形色色的分支时，"协同学"试图在纷繁复杂的大自然中找到一些统一的基本规律来回答千变万化的结构的生成原因。其创始人、德国物理学家赫尔曼·哈肯认为"协同学"与东亚对世界的整体性观察方式颇相一致。[10] 或许正是中国古

---

9. 李约瑟著，劳陇译：《四海之内》，三联书店，1987 年，第 3 页。
10. 赫尔曼·哈肯著，凌复华译：《协同学——大自然构成的奥秘》，上海世纪出版集团、上海译文出版社，2001 年，第四版前言。

人拨冗去繁把握自然规律的观察方式启发了现代科学思维。物理学家李政道也指出，比起西方的分析方法，中国古代哲学中的整体性的思维方式对理解现代物理学、天文学的一些前沿领域更有效。

"生生之谓易"，中国哲学对生命规律、生存智慧和变化的论述，与现代科学对复杂和系统问题的解决之道是有内在契合处的。当代设计面临着愈来愈多元的社会需求，也直接遭遇日新月异的科技发展，如果以传统整体观和系统观的视角去应对所有已经发生和即将发生的变化，视发展、运动、变化为事物发展的根本规律，将汰旧纳新等矛盾解决作为系统自身内部更新的机制，那我们将会以更宏观、更坦然的心态来生成和发展"中国"或"东方"的设计智慧。

那么，设计有系统吗？

《考工记》有言，"天有时，地有气，材有美，工有巧"，这句话其实已经勾画了一个设计的系统：

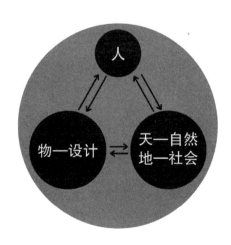

　　传统造物离不开自然、社会和人的谐调，这个系统就是符合传统"圜道观"的循环往复的动态系统，系统中的每一个元素自身又是一个小宇宙。"圜道观"用去来往复的圆圈，概括了宇宙间一切事物的运行及彼此间的关系。天地、物、人之间永远处于循环往复、对立统一、互相转换的生生不息的运行之中。我们不妨来看几对关系：

　　设计作为人造物，既要寻找自身内部的平衡，也要与整个自然和社会维持一种平衡关系。从设计与自然的关系来说，要遵从自然法则，遵循天地万物运动变化的规律，这正是从20世纪60年代发展起来的注重可持续性和再生的设计思潮。后来这股思潮又被纳入循环经济的系统中。循环经济本身就是一个不断流动的系统，将人、自然资源和科学技术的利用纳入一个系统中，并将产品从设计到废弃作为一个循环过程来对待。因此，从根本上看，循环经济与传统圜道观的思维是一致的，是将人的社会生产活动与自然生态的互动平衡作为经济发展和社会发展的旨归。

　　从设计与人的关系来说，当代的设计已经更多地基于"人"运行系统本身，强调设计需要同理心，要在功能与情感之间获得平衡。如诺曼的《情感化设计》从认知心理学角度对设计进行研究，认为设计要从人认知的三个层次，本能的、行为的和反思的来进行情感化设计。日本的深泽直人在生态心理学的基础上所创新的"可供性设计"方法，极大地拓宽了设计对"人"的理解。

　　从"物—设计"，即产品这个小循环来说，当下强调的是产品全生命周期的系统设计，即综合考虑产品在调研、设计、制造、销售、使用、回收、处理等生命周期中各环节对环境及人的影响的设计方法。它要求对产品从加工制造到废弃分解的全过程进行全面的资源、环境分析和评价，优先考虑产品的环境属性，并找出改善的途径。美国内森·谢卓夫所著《设计反思：可持续设计策略与实践》对此有较全面的论述。

这个设计系统更像是一个哲学上的模型。随着时代的发展，每个圆圈中的内容都有增减，对每个圆圈彼此之间关系的认知也在变化，系统本身也在不断寻找维持平衡与稳定的办法。

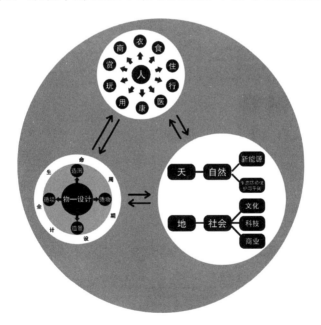

上图反映的是随着时代发展，人、社会、自然、设计内容的扩展和演变，但是无论内容怎么变，它们之间仍然保持了互

相影响、互相作用、互相激发和牵制的关系。譬如商业经济的发展对品牌、文化创意设计、设计服务等的促发，改变了设计原来造图、造物、造景、造境的专业界分，反过来设计的综合也可能会引发新的产业和商业模式。最迷人的碰撞就产生在那两个相对的箭头中。

今天的设计，一方面走向专门化、科技化、精细化、分类化，另一方面又呼唤高度的综合与横向联系。有人预测，未来五年设计的界限一定会逐渐模糊，以至于消失，对设计师来说，跨平台设计的能力变得越来越重要，寻找结合点变得很关键。笔者认为，与其说"跨界综合"是一种设计方法，不如说它是一种整合能力。对于"跨界综合"的设计教育来说，如果以传统整体观为其哲学基础，以设计系统为其基本模型，也许是我们立足本土、消化外来的一个重要凭靠。在这个系统中，教学者可以不断更改、优化和重塑课程体系，从而既能从容面对瞬息万变的世界，又能保持教学的相对恒定。

三、综合之设计

让我们回到具体的设计教育。针对"社会不断涌现出来的越来越模糊和宽泛的设计诉求"，中国美术学院在 2003 年创设了综合设计专业。该专业通过"造图、造物、造境"等设计能力的训练，培养的是"对多门类、多学科能够进行融会贯通的综合性设计通才。"此节中，笔者以前文的理论思考为基础，对综合设计专业的教学深化提几点"局外人"的建议：

其一，正如前文所言，笔者认为"跨界综合"就是一种能力，而且已经不是综合设计专业专有的一种能力，是所有设计师的一种必备能力。因此综合设计专业的教学，在"东方设计学"框架下，除了安排造图、造物、造境的循序渐进的专业课程外，可以有意识地补充传统整体观和系统思维等教学内容，以此作为哲学支撑和认识论方法。

其二，如上文设计系统模型所示，综合设计应跳脱出设计专业的综合，而更多着眼于设计与自然、社会、科技的最新研究成果的链接和互动平衡关系。通过高年级阶段的课题化和研究型课程，主动去体现跨平台合作的机制与战略成果。

其三，要警惕没有依托的设计综合论。文化融合有一个体用关系，设计综合亦需要一个出发点。这个出发点就是设计要解决的各种"问题"。综合设计的依附主体，不是某个专业，也不是某个设计对象，而是从人的系统性的生活出发，在实际的生活和环境中所发现的各种设计问题。它的依附主体是"问题"。因此，综合设计专业的设置前提应该从最初的"从需（诉）求出发"转变为"从问题出发"。"需求"是迎合，不是发现、设问、引领和开创。作为教学来讲，要富有实验精神，要发现问题，提出问题，解决问题。"东方设计学"，既是努力地去传承民族文化的优秀成分，同时更以创新的姿态来营构中国人自己的当代生活，形塑当代文化和文化未来。同时，在解决问题时所创新的方法，也能够起到进一步启发社会的作用。杭间先生在策划 2012 年中国设计大展"跨界·综合"设计单元时提出，"设计师是能够改变社会和未来的人"，这种改变的能力体现在设计师不仅仅是造型，设计出一个可见的东西，而是设计师的工作往往是在提出解决社会问题的方法。"设计的学理方法对于其他学科往往具有积极的启示意义，而设计师却常忽略了自己独特的学术背景而成为社会进步的低音。"[11]

其四，"造图""造物""造境"不能作为综合设计专业的核心特征，只能作为综合设计专业在教学过程中的课程分解，而人才培养的最终，是培养思维，培养创新能力。笔者试图在"东方设计学"框架下为综合设计提出"东方意"的学术方向。"意"有意图、意态、意味、意境之义。也就是把设计思维、设计物的形态、设计品味、设计美学，统一在"意"这个字面系统下，它包含了东方的哲学观、审美观和造物观，以及人与自然的关系、人与人的关系、人与物的关系，既强调了对中国传统设计美学的梳理和活化，又包含对当代中国人生活方式和审美方式的引领和塑造。

综上，笔者以为，在"东方设计学"框架下，综合设计专业的发展应该是一个强调东方思维，以东方美学浸润，综合运用各种设计手段，系统化地解决中国当代设计问题的专业或方向。它以含纳吞吐的姿态，来面对社会和科技的飞速发展，把对人、自然、社会的整体性观察和思考，以及对设计问题的系统性观照，通过"设计"这个创造性行为得到恰如其分的表达。

---

11. 马晓飞、王苹：《越界而生——中国设计大展跨界·综合设计单元》，《装饰》，2013 年第 3 期。

四、结语

本文是在"东方设计学"的框架下对"综合设计"所作的一些思考，意在指出，所有传统中国的美学特征背后都有其思维的渊源，不同的思维方式也是构成不同文化类型的重要原因。我们要创造当下和未来的"东方"或"中国"设计美学，前提是我们要主动介入、观照自然、社会和人生，并努力去创造新的哲学和新的思维。"东方设计学"不是简单地复兴传统，而是要站在中国这块土地上，直面鲜活的中国日常，用中国人自己的设计思维和语言设计体验，书写中国的当代设计史。这里，重提哲学家张岱年先生的观点也许依然适合："我们所要创造的新哲学，固须综合东西所有哲学之长，然而综合应有别于混合或调和，真正的综合必是一个新的创造。"[12] 在当代社会，纯粹的"闭关守旧"和"全盘西化"早已不是文化创造的命题，"综合创新"是必然趋势，那就是对古今中外的会通，对人文和科技的会通。综合设计如果在这样的视野和胸怀下谋划学科方向和课程设置，以传统整体观为哲学支撑，以设计系统为专业骨架，一定能够为"东方设计学"贡献独特的设计思维和方法，同时它们也一定是具有普遍意义、能启发世界其他创新设计的思维和方法。

---

12. 《张岱年全集》，第 1 卷，河北人民出版社，2007 年，第 198—199 页。

视觉传达的东方[1]

中国美术学院 / 连　冕

　　这里简单报告一下我与视觉传达设计系在讨论、碰撞之后的一些想法，当然原先该系的演示文件已是很成功的，我仅在此基础上，略作些调整。

　　首先，我也意识到这样一个问题，设计艺术学院在中国美术学院内就是一个有着悠久的历史传承的学院，当然"平面设计"，或原先的"图案""装潢"专业，即现在的"视觉传达设计"，更是一个能够贯穿历史的科系。[2] 它所建立的、自为的教学系统，我们无意彻底"颠覆"，我只是作为一个观察者，来深入地理解、学习，同时看看怎样协助其提升到与这次研讨的主题相关，也就是所谓的"东方学"，以及中国美术学院整个建设，特别是和将来的学科发展更加贴合的一个更高的层面上。

　　在视觉传达系的演示文件中，谈到了"本土视觉语言的开

1. 本文为"设计东方学的观念与轮廓"研讨会上的发言。
2. 宋忠元主编：《艺术摇篮·浙江美术学院六十年》，杭州：浙江美术学院出版社，1988年版，第8、19—20页；宋建明、王雪青主编：《匠心文脉：中国美术学院设计艺术八十年》，杭州：中国美术学院出版社，2008年版，第15页。

发"，特别是要求循着现代业态的前沿风向发展。而我却意识到另一个问题，现在的"平面专业"，或是包括其他专业，与方才同事提到的情形是相仿的，即在现实和学理之间，在观念和传播之间，怎样寻找到作为院校的"视觉传达"专业教育教学根本的模式设置与操作方法？在设计行业当前如此热闹的情形下，我们安身立命的地方又在哪里？我想，最重要的答解，仍是在学理和观念上。如果我们说要"引领"，这两者可能就是最本质的东西。而"东方学"，或即"东方的方法与态度"，应该就是一个比较重要的引领渠道与方式。当然，其本身也就是一个所谓的"观念"。

但"东方学"以及"东方"具体又指什么呢？包括像萨义德的《东方学》，堪称巨著，最后竟也没有任何结论。它只是描述了从 15 世纪，甚至更早的 13、14 世纪以来，西方殖民者如何观照"东方"的。换言之，用他的话说，"东方学"本身就是一个被"引述"的"体系"，是被西方观察者，用西方的翻译式话语，重新转述，继而铺排成他们想要殖民的"东方"的一个"学问"。[3] 他也在 2003 年的《东方学》新版序言中总结过这一现象，即"历史总有着各种各样的沉默与省略，总有着被强加的形塑和被容忍的扭曲，以此，'我们的'西方、'我们的'东方就成为我们所拥有并听从我们指挥的属于'我们

3.　此即"我们可以将东方学描述为通过做出与东方有关的陈述，对有关东方的观点进行权威裁断，对东方进行描述、教授、殖民、统治等方式来处理东方的一种机制；简言之，将东方学视为西方用以控制、重建和君临东方的一种方式。"（爱德华·W·萨义德：《东方学》，王宇根译，北京：生活·读书·新知三联书店，2007 年版，第 4、31、229 页）。

的'东西"。[4] 当然，这与我们传统上说的"六经注我"很类似，这类夹杂着对于东方的殖民与后殖民的描述，在西方又主要是于1978年左右提炼出来的，所以，它没有答案，因为你可以用这个，也可以用那个，最终构成一种相当个人化的，甚至不必实地踏勘就能获得的"东方体验"，此即一种"东方化东方"[Orientalizing the Orient]的"东方学"。[5]

按照视觉传达设计系的描述，他们已建立了4个核心领域或专业方向，即国际平面设计、品牌设计、多媒体与网页设计、出版物设计。他们原先强调的，与我今天希望强调的是基本一致的，只是我要换一个词，即所谓"本土话语权"。我认为可能需要明确一个方向，或许更合适的是"东方话语权"。因为所谓"本土"，可能比之"东方"还要复杂万倍，其内更加良莠不齐。如果仅从萨义德并不周延的理解来看，"东方学"实际就是基于"东方本土"的被西方旅行家、研究者转述的情形而构筑起来的，意即将"活的现实加以裁割后塞进物质文本之中"。[6] 至于绝大多数被西方人所认知的"东方"经验，可能从基本情理角度论，又未必是真实的"东方"。更何况，"本土话语"还有所谓的"东西杂糅"的问题，并不是所有外来者都有智慧能够成功剥离出其内可靠要件的。所以，我坚持认为，从更本质上来说，"本土"比之宽泛意义上的"东方"更需要提纯。我们这次小型会议的

4.　爱德华·W·萨义德：《2003年版序言》，摘自《东方学》，第5、259页。

5.　爱德华·W·萨义德：《东方学》，第83页。

6.　爱德华·W·萨义德：《东方学》，第112页。

目标，也就是透过东方人本身有意识的努力，试图将"日常的本土"升华到一类可以通过艺术化、视觉化形象。被吸收、被传播的可靠的"东方式的话语"，而非所谓芜杂、不堪的"本土话语"，后者充其量只能算作包含"基础元素"的"肥土"。我们的进步教育，肯定是要在这个"基础"上培养出新一代学员，也绝非是要让自己和他们，都草率地沦为新的"肥土"。这是我非常强调的，包括刚才别的同事谈到的，也在提所谓"本土"，我觉得"本土"和"东方"还是差很多的。在我看来，萨义德还有一句话可以很好地对我所希望展开的"东方教育"进行归纳，意即同样作为"人文主义教育遗产的"，包括"理性尝试技巧"在内的中国的艺术设计高等教育，"不是将它作为一种感伤的虔诚，强迫我们重返传统价值或古典学，而是作为对世界性的树立新话语的积极实践。世俗世界是人类创造历史的世界"。[7] 那么，在经过如此的梳理后，"世界"与"东方"的话语又如何选择，我后面将尝试着给出一个可能的"解决方案"。

视觉传达设计系的演示文件里还强调了这 4 个专业的共同性，我做了一些增加，突出了世界与东方的"关联"——即要解决 4 个核心方向如何进行根本性的运转。他们重点在此处写了一段话，现在呈现的是我略微改造过的，原来是说"运营与商业的支撑"，我改成了"竞赛与项目的支撑"。另外，我意识到一个很关键的问题，可能他们也未必来得及考虑过，因为只是忙于事务性竞赛和项目。情况发生变异的地方就在于，运营

---

7. 爱德华·W·萨义德：《2003 年版序言》，载《东方学》，第 15 页。

和商业显然不是我们艺术院校教育的核心任务，我们的任务不是开设什么"商学院""网店班"，更不是将一个专业研究院校，以所谓商业模式来"运营"，这些诉求对于真正的研究型教育而言，恐怕都是危险和"别有企图"的。所以参加具有商业运营性质的竞赛和项目，以便进一步深化课堂教学，可能已经是我们院校教育的底线。不过，如果没有核心的理念，即便是参加了一千次，组织过一万遍，最后你的收获又是什么呢？我们的教育是不能以盈利多少来计算成功与否的，参赛也好，评比也罢，就像吴海燕老师说的，最终还是要反映出你想突出一个什么样的重点。而我的理解是，"世界与东方"就是重点，也是根本。没有这个，纵使天天竞赛、展览，又有多少实际价值？

于是，我在演示文件的关键词归纳当中，增加了两个，一是"东方意象"，不是"本土意象"。再重复说一下，"本土意象"太复杂了，比"东方"复杂得多，"本土"有个人的"本土"，也有世界的"本土"。"东方"可能会狭窄一些，但这个狭窄是经过提炼、便于操作的，绝非观念上的狭隘。跟着，他们还谈到"信息可视"，后面的"综合培养"也是我加上去的，我个人认为结合世界与东方的讨论，更有必要突出一个综合培养的问题，仅仅提信息可视、商业营销和多维传播，这可能会落下巨大的缺陷。而"综合"的目的，就是将这几点在院校教育的可能边界之内，进行一次交互的演练，修正培养中可能出现的滞后性。

视觉传达设计系当时也跟我表达过，在系内也有一些老师认为他们的根本宗旨是"为了传播的设计"，这点我也认同。只是我还认为，既然强调传播的观念和策略问题，是不是应该在课程结构上补充"传播学"？同理，既然希望搞设计营商，是不是也应当补充"经济学"的课程？我仔细看了视觉传达设计系的课程表，并没有开设过这类的课程，这倒真是一个非常大的遗憾和缺漏。不要忘了，"经济""传播"都是大学问，尤其是在当今信息社会里。不能一相情愿地说"做设计就是做传播"、"搞品牌就是搞经济"，那真是错得离谱、自大得没边了。不要忘了，连站在舞台上的晚会、节目的主持人，都会比我们更有底气地说，他们也是在做传播、做经济……

　　讲回"东方学"，关于我们理解的东方，少不了还有一个"帝国"的背景，虽然我们革命成功了，但从研究的角度，我们过去的功过是非，过去东方形式的表现，都应该是批判继承的首要对象。举一个相对简单的例子，在加拿大的传播学研究系统中，或者说与马歇尔·麦克卢汉齐名的另一研究路径上，还有一位哈罗德·伊尼斯，其晚期有一部经典作品叫做《帝国与传播》，这是他在传播学领域分析埃及、巴比伦、希腊、罗马，兼及波斯、中国等世界重要封建时期帝国的传播问题的代表成果。[8]我们的艺术学院、设计学院要不要了解这些，答案是肯定的，但我们的目标当然不是要训练"帝国技师[9]"（不论是商业还是政治等等的）。那么，该如何传授，是让学生"放羊式"地自己读，还是有导向性地专门开设一些讲座类必修课程？这些安排，值得我们设计教育、教学者深思，千万不能嘴上说旁人不重视我们

8.　参哈罗德·伊尼斯：《帝国与传播》（中文修订版），何道宽译，北京：中国传媒大学出版社，2015年版。

9.　爱德华·W·萨义德：《东方学》，第54页。

学科，但实际上又不为学科的真正长远发展做些具有超越价值
的努力。如此以往，恐怕也只能靠着贪小利、占便宜，装腔作势、
浑水摸鱼、左蒙右骗的办法来支撑了。

　　至于"专业体系"版块，我也依据前面的表述进行了必要
的改造。即强调以"东方视觉语言"为高点，而非"无畏"地
提什么为了实现"信息可视化的世界语言"。因为立足中国，如
果只是让学生学会如何将信息"可视化"，并把这个当作教育教
学中的水平高点，真是不存在任何"高等"价值，甚至有浪费
资源之虞。因为当前，各种人群都在做这个事——小到门外的
打印店，大到电影、广告制作的跨国企业。我们不是在培养因
为"失去了乡村生活的古老的稳定性、盘根错节的亲属关系和
躬身敬奉的封建和宗教传统"而反倒转变为充满"强烈的怨恨
情绪"的产业工人，[10] 我们的职责所在不应是这个方向。我们
的专业教育要做的，是提升，是为"新风气、新典型、新尊严"
的产生、肯定和承续，贡献智识。所以，我增加了一些必要的"关
键点"，即"基础且复合的"，这也就触及了我在后面会提到的"世
界性"问题。

　　至于视觉传达设计系所提出的"重点发展"方向，则是我
今天要谈的另一个核心内容。他们已经提出了 3 个，一是"探
索与普及"，而我更强调其中的"东方视觉语言及信息可视化"。
具体来讲，中国美术学院这边我们自己做的活动，以及根本上

10.　并参伊恩·布鲁玛、阿维赛·玛格里特：《西方主义：敌人眼中的西方》，张鹏译，
北京：金城出版社，2010 年版，第 25 页；连冕：《设计的可能边界》，载《美术报·设计》，
2011 年 3 月 26 日，第 31 版。

的教育、教学，从操作的层面，还应该重视"学理"问题，特别是看看能不能够与清华、央美组成一个所谓的"东方语言可视化"的"理论探索和普及联盟"，专门研究"东方式视觉话语理论"及其可能的落实办法、渠道等等。如果没有这个，该系所谈到的希望与清华、央美展开的合作其根本的出发点又在哪里？我很好奇的是，往往所谓"合作"，最终就是一个个"莫可名状"的展览而已，做完了就完了，互相之间没有积累，也难见提升。当然，前置条件上也没有观点，后续总结上也没有研辩，实质只是愚顽地花小钱、耍人力、搞任务罢了。

解决之法，就是要形成"理论式""思想式"的视觉文化氛围，就是要以东方式的呈现形态，将可视化作为一种学术修炼，而非商业、非"民粹"的行为。当然，这个"东方"，需要我们教育者与学习者，共同通过可视化的成果，实现一种"再定义"。其本身也将成为一种理论性的问题——不同的"东方"相遇，最终我们要塑造的又是一种怎样的"东方"？所以，我觉得，在相关的"联盟"活动中，可以每年都有一个关于"东方"的不同论题，不是泛化，是提炼出的一些新的可能方向，在从业者的培养和行业内进行必要的演练与讨论，最终形成一批文献化的积累。所以，这也是需要时日磨炼的，积累得足够厚实了，被培养者将成为东方文化的真实载体和代表，"可视化的'东方'"本身也就彻底地有了"权威的解释"了。

视觉传达设计系的演示文件中，还提到日本的一些设计、广告、字体等协会、俱乐部。我倒想追问，为什么作为中国人的我们，会不断地举日本作为例子？我想，很明显，从某种角度来说，在岛国上的确能不时寻找到比我们更典型的"东方"和理论。不过，我倒更好奇，也想问问诸位，你能说清他们的"东方"又是什么呢？我们有些人不断地提日本，不断骄傲地回忆那些其所浅薄得见的扶桑之国的日常碎片，却从来不愿认真践行那些其所艳羡的东瀛美德，反倒破罐破摔、胡诌两句歪诗，将自己本国的周遭说得乌烟瘴气、一地鸡毛。我看，这是一类必须严肃批判的数典忘祖式的"媚日"的"东方"。所以，我说，我们要讨论，要有选择、有目标地进行教育教学和商业经营活动，不是为了办活动、挣效益，以至于在培养人、塑造人的环节上，竟也牺牲了"东方"，蹂躏了"东方"，或者干脆变成了"西方"眼中的"本地信息提供者[11]"。我们是国家的教育机构，承担的职责首先不该是向企业的社会化运作学习、靠拢，将学生贴个标签之后，便义无反顾地推上消费的生产线。所以，不论其内是否有巨大的利益、新鲜的效能，我还是觉得，应有个明确的主动权——想想作为教学单位，为什么非要将教室搬到某某企业中，老的、小的，囫囵个地去拼命吞下什么"世界的宏愿"；我们难道没有民智可留，没有乡土可观，为什么非得将教室移到某某外国去，男的、女的，成日地嫌恶自己什么"天生的不足"？

话说回来，包括现在所谓"东方梦工厂"一类西方动画制作企业，其目标也非常明确，就是为了迎合华人的民族自觉，或者说是为了处理华族的视觉语言，以便在社群认同之下获得更大的利益。而我们，却还在不断纠结于处理"寰球的语言"，

---

11. 爱德华·W·萨义德：《东方学》，第 416 页。

将摆在眼前的"东方"资源悉数抛弃。这就是话语权的严酷争夺，自己的命运都不愿意掌握，如何又跳跃到别族、别国的领地去"抢饭碗"？这更不应当是中国的高等艺术、设计教育机构所要做的事。所以，我个人建议，比如在我们尚能推动、执行的展览中，开辟东方主题、竞赛环节之类的活动，尽早自主地进行东方视觉语言的积累。也就是从教育教学活动中，进行自觉且必要的引导，认识到东、西方各自的优、劣与各自的变异，继而再追求所谓的大格局和大气魄。

接着就是关于视觉传达设计系的"创新团队"问题，我同样感到需要突出东方的学理和观念。至于其下所谓的"外沿团队"，才是具体实现其传播操持行为的。当然，我更强调的是应该要有自信。身处东方古国，以现代的中国和伊朗为例，从来都是真正的近东和远东的核心所在，当下提及的"一带一路"，也有着重新恢复并勾连这两个地域的规划雄心。[12] 而我们设计界、美术界，必须要在视觉化层面上有所行动，更非矫枉过正地，只知"远虑"，忽略"近忧"。

落实到教育培养的"输出渠道"，我据此也对该系的演示文件进行了调整。即除了培养过程中的"东方"强化外，还得有一些策略。比如，毕业时要求每位学员提交"东方视觉语言作品专册"。按照课表，视觉传达设计系二年级有"拓展训练"的安排，在二年级教学的最后阶段，即所谓"工作坊"。我的建议是在二年级这个拓展训练工作坊中，可以专门进行一项"东方

---

12. 王敬文：《习近平提战略构想："一带一路"打开"筑梦空间"》，中国经济网，2014 年 8 月 11 日，http://www.ce.cn/xwzx/gnsz/szyw/201408/11/t20140811_3324310.shtml。

视觉语言作品"的准备，到毕业时提交。作为一个中国的设计学生，或是将要步入设计行业的从业者，能够为这个国家的这个行业做些什么，又有哪些是使用这个国家真正存在的根性语言来发展、实现的，而不是用变异的、改造了的方式，或者说是胡乱地喝了些"洋墨水"做出来的东西，这也是我们作为教育者必须不断反思的重点。

那么，还有两个看似小的问题需要简单提醒一下。就我个人观察，该系的课表中不应该突兀地出现英文，这种现象似乎还挺严重。我可以这么说，我是一个"中国主义者"，但不是一个褊狭的"民族主义者"，可是实在觉得在一份高等教育机构的正式课表上出现"workshop"等几个"斗大"的英文单词，有点太不严肃，也太伤民族自尊了。设想，一份意大利公立或私立大学的课表，会赫然出现"工作室"3个中文字吗？不可能！我看，连英文都不太可能有。因为，这样一来，你首先就把自己矮化了，跟着也就是教育学生矮化自身，这其实就是所谓的，以"通过生成它们希望超越的文明的粗糙复制品"的方式"企图战胜西方"……[13] 这大有一种"自我殖民"的味道，所以我觉得"工作坊"就直接写上中文，我们古代也都存在过类似的称呼，不就是"作坊"嘛，又有什么不妥呢？其内的"工匠精神"，不是很多自诩到过几次东瀛的所谓"专门家"最推崇的吗？所以我常说，那些"冲击"西方工业文明的"伪复古"，根本也不是当前东方的任务，而那些唆使东方如此这般的人，只能

---

13. 伊恩·布鲁玛、阿维赛·玛格里特：《西方主义：敌人眼中的西方》，第40页。

说，是一批充满了狡猾谋略的机会主义者，比之那些西方的"粗糙复制品"，更令人嫌恶。又譬如造纸作坊，国内目前最早的明确遗址就在杭州富阳，离我们中国美术学院也就半小时左右的车程，前几年刚刚确认为全国重点文物保护单位时，我就带着学生特意跑过去看，虽然周边环境极差，但那毕竟是我们的根。而我所说的"东方"，从细节层面，也就应该要体现在这些最基本的，毫不犹豫地使用自己母语的"可视化"问题上。

　　第二，是在"链状课程"中还应当突出教师特色，相关的专业设置更要密切与之配合。视觉传达设计系的课程，按照课表的描述，是"链状连续式"呈现的。我的建议是，能不能再加入一个"东方视觉与设计"的概要课程，让学生有个抓手，让他们知道什么才是被推崇的东方式的设计，而非简单地用元素拼贴和照搬。因为其内还有 4 个方向不同的授课班，每个班的链状课程的承担教员也都不一样，所以我更强调要突出每位老师的特点，以及教员能否有针对性地在某个环节设置东方专题辅导内容。我曾与视觉传达系的教师短暂合作过相关的联合课程，我倒觉得这类模式可以扩大，或者再用一种别的方式，总之要辅导学员认知东方、建设东方，继而将"东方"本身比较虚空的概念具体化，最终才能形成我们希望的鲜活的"本土"。当然，到研究生的教学阶段，东方视觉语言的高阶思辨力与实践力，更是我们必须关注的。研究生导师不能仅仅注重"接活儿"，培养属于东方的高级设计人才才是根本主轴。更重要的，如此之"东方"，非是狡黠、阴暗的，而是有生存与自洁能力的，壮健的视觉与思想共存的真实的"东方"。

　　以上的发言，当然是依托于视觉传达设计系在中国美术学院完整且悠久的历史文脉和一贯的传承，期间的理解虽然有瑕疵，但我也尽量提示了一些可能的、有针对性的发展策略，以及有选择性的执行方式。当然，总的来说，还要回答一个问题——什么才是"东方的设计学"（注意，我并没有使用"设计东方学"的说法）。我想，鉴于某些"误读"与"无知"，必须再次强调一下，确切地说，其应当是在学理和观念上，一种具有引领价值的"东方的方法与态度"，应该摆脱不论是在殖民或"后殖民"，在"本土"或西方的语境下，都常常作为威权活动的"阐释方式"的"东方学"的影子，[14] 而被称为"东方的设计学"。是以实证性的本土、智慧、制作与体验构筑起的，而非引用转述的外来、杂糅的话语。也即，透过东方人本身有意识的努力，将"日常的本土"升华到一类可以通过艺术化、视觉化形象，并且被吸收、被传播的可靠的"东方的话语"。其指向和呈现形态，是"思想式"的视觉文化，其重点是"世界与东方"，其手段是使用东方所真正存在的，而不是用变异、改造、矮化了的根性语言进行发展。其最终的目的，是共同通过持续的操练和积累，形成高阶思辨力与实践力，得到规模化的可视成果，以实现一种自觉的、明确的"东方""再定义"，进化出有生存与自洁能力，视觉与思想共存的，"自由的、非压制或操纵的 [15]"真实的"新本土"。当然，这也只是我，作为一个"中国主义者"的简单理解。

14.　爱德华·W·萨义德：《东方学》，第 259 页。
15.　爱德华·W·萨义德：《东方学》，第 32 页。

民国图案教材中的图案释义

浙江工业大学 / 穆　琛

引　言

民国阶段的图案教育，经历了晚清的铺垫和三十多年的发展，逐渐建立了较为完善的教学体系。教科书作为一个学科发展最主要的载体，记录并传达了当时图案工作者对于图案这一新兴学科的认识与期望。其阅读者与学习者也通过教科书将老一辈图案工作者的理念予以继承并发扬。可以说，编写成文的教科书是当时时代背景下从事图案工作的参与者们对于图案工作认识最真实的写照。本文兹以职业教育教材、通识性教育教材和高等教育教材中较有代表性的三部著作予以详细分析，通过梳理全书的图案教授理念，以读书笔记的形式，呈现不同层面教材与作者的图案认识。

一、《基本图案学》中的图案释义

傅抱石先生根据日本图案学家金子清次氏的图案讲义编译的

教材《基本图案学》（图1），由商务印书馆发行，作为中等教育的图案教材使用。[1] 书中提到彼时（民国25年，1936年前后）中国的中等教育起先以升学为目的，而真正升学的学生为少数，未升学的学生都转向了职业道路。中等教育的图案教学因此转向职业教育方向。[2] 基于以上原因，傅抱石先生在该书自序里表达了对于图案与工艺结合的迫切性，他认为："夫图案乃装饰构成之前

图1《基本图案学》（图片来源：浙江图书馆藏影印本）

驱，仅有图案，不能毕其使命。故必与一切有容受装饰可能之物，互相因果，发生密切之关系，始获效果。"[3] 故傅抱石先生关注并翻译日本图案教材，称赞日本图案家金子清次氏的著作"处处不使图案离工艺而空存，即处处与工艺起联络而为用。"[4] 傅抱石先生对于其图案思想的认同与期许可见一斑。

---

1. 傅抱石编译：《基本图案学》，商务印书馆，"民国"二十九年十二月第四版。
2. 同上。参看卷首王云五：《编印职业教科书缘起》。
3. 同上，第1—4页。
4. 同上。

在这本仅有一百多页的小册子里，傅抱石先生在整理和编辑金子清次氏的讲义中传达了关于图案教学与工艺相结合的基本思想。张道一先生将图案的概念分为内涵部分和外延部分。认为图案的内涵即指"运用艺术的手段，在物品的制造或环境的布置之前所作的设计和意匠。"[5] 外延则指"基础的图案，也指工艺的图案；既指装饰的图案，也指器物的图案；既指几何形的图案，也指自然形的图案等。"[6] 在这本教材中，"图案"的概念具有内涵与外延双重意义。对于图案整体概念的认识，是建立在"预想完成后之姿态"的高度上的，这与现代的"设计"观念在大意上基本吻合。其图案与工艺的基本理念与关系如图2所示。作者认为"实用之美化为工艺"，"工艺"即是"装饰适用于工业上，为一种'装饰的体系'之现象，曰工艺。而工艺兼备工业与艺术二者……"[7] 这与当代语境中所提工艺一词主要为技术层面的概念不甚相同[8]。在"普遍的、科学的、机械多量生产的"需求背景下，于产品中加入艺术的意匠，其实现手段则是"图案"，运用图案的技法对产品进行"形状、模样、色彩"的考量，方能实现工艺的目的。"图案"在此处是指设计的范畴。但书中也出现"设计"一词与"图案"连用的表述。序言所列《中华民国二十一年十一月教育部颁行 *（书缺字，根据语义推测为"初"字）高级中学课程标准图案科对于图案之教材大纲及实习方法》列表显示，高级中学实习科目最后一项为：（丙）设

5. 张道一：《图案与图案教学》，南京艺术学院学报《音乐与表演》，1982 年第 3 期。
6. 同上。
7. 傅抱石编译：《基本图案学》，商务印书馆，"民国"二十九年十二月四版，第4—5页。

计图案。此处"设计"的概念有必要澄清一下。"工业者,与吾人以'实用的''机能的'之满足,所谓橾地[9](即设计),亦不外实用的(即工业的形状)而已。而此实用的形状上,施以装饰,工艺于是成立。故橾地及设计,实工艺达成之基础。"[10] 根据如上陈述可知,"设计"在这里指未加修饰但实现了功能的工业形状,而"工艺"则是将工业的形状加以装饰的过程,为实现这个过程,要运用"图案"这个方法进行意匠的预演。至此,我们勾勒出了傅抱石先生对于工业、工艺、图案之间关系认识的总轮廓(图2)。这些词义与现代用法的出入,提示了一个有趣但被长期忽视的现象,词义和用法的历史发展,涵盖了其背后认知范畴的吞吐,但是这种吞吐过程却是一个自循环系统,即是一个词汇的语义范畴的缩小,失却的内容被另外一个词汇所接纳。傅抱石先生借用金子清次氏的思想,用"设计"+"工艺"+"图案"三个词,完整构建了一个现代意义的"设计"范畴。

对于图案的学习方法,书中提到应采用"写生"然后"便化(变

8.　"工艺:利用生产工具对各种原材料、半成品进行加工或处理(如量测、切削、热处理等),使之成为产品的方法。根据技术上、经济上合理的原则,研究各种原材料、半成品、成品的加工方法和过程的学科称为工艺学。如机械制造工艺学、造纸工艺学。"引自《辞海》,上海辞书出版社,1999年版。根据《辞海》对于"工艺"以及"工艺学"两个词汇的解释可以确定,在当代语境中,工艺一词主要指技术层面上的方法,不涵盖艺术的语义内容。

9.　"橾,器未饰也,通作素"。引自《康熙字典》,中华书局,1958年1月第一版,第543页。

10.　傅抱石编译:《基本图案学》,商务印书馆,"民国"二十九年十二月四版,第8页。

11.　本图表由本文作者根据注1书中次之"总说"章节总结提炼而成,仅为便于展示原作者(金子清次)对于图案概念的总概括之用。为笔者个人理解,因个人能力有限,难免有疏漏,如有出入,参看《基本图案学》正文第1—30页。

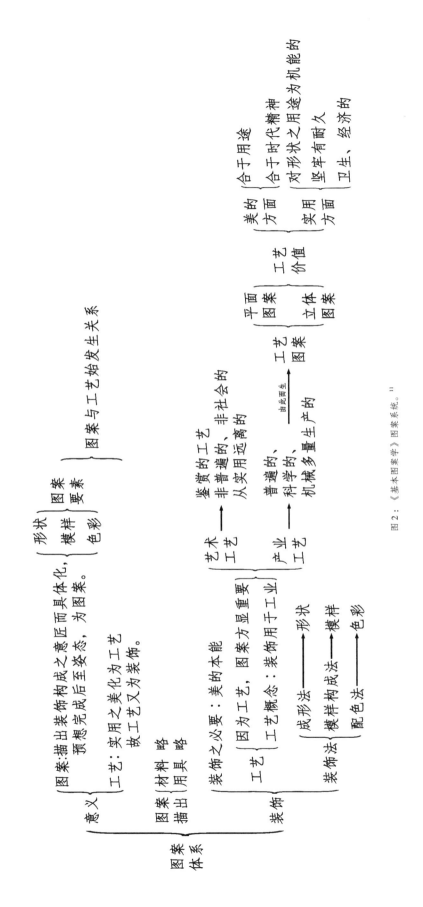

図案体系

意义 {
  图案 {描出装饰构成之意匠而具体化，顶想完成后至姿态，为图案。
  工艺 {实用之美化为工艺，故工艺又为装饰。

图案描出 {
  材料 略
  用具 略

装饰 {
  装饰之必要：美的本能
  工艺 {因为工艺，图案方显重要
         工艺概念：装饰用于工业

装饰法 {
  成形法 ——→ 形状
  模样构成法 ——→ 模样
  配色法 ——→ 色彩

图案要素 {
  形状
  模样
  色彩

图案与工艺始发生关系

工艺 {
  艺术工艺 ——→ 鉴赏的工艺 非普遍的，非社会的 从实用的远离的
  产业工艺 ——→ 普遍的，科学的，机械多量生产的
}
由此而生 ——→ 工艺图案

工艺图案 {
  平面图案
  立体图案

工艺价值 {
  美的方面 {
    合于用途
    合于时代精神
    对形状之用途为机能的
  }
  实用方面 {
    坚牢有耐久
    卫生，经济的
  }
}

化）"的方法，通过观察自然的细节，加入"人工之调和"使之与工艺相适应。虽然单列为一个章节，却也寥寥数语，在其他章节中也并没有深入讨论或加以应用。书中更注重"人"的感觉，以人为第一位，讨论人的视觉习惯和规律，将各种美的规律归纳为人的身体感受。将人感受为"美"的形式进行归纳总结，讨论其规律并简单抽象量化。这已经显示出了对于图案规律的科学分析的思想端倪。从教材的层面讲，作者尽可能地呈现了图案的学习方法，并没有刻意强调从写生变化或者从图案规律方面进行学习。不过，根据其着墨的多寡，或许可以一窥作者的思想倾向。值得一提的是，书中提出"图癖"的概念："图癖者，乃指模样与模样之间隙，（即空地）形成水平、垂直或斜状等特种之条纹，'区划的'而减趣味，或空处为畸形，呈外观上不快乐之状况之谓也"[12]。纹样间隔而形成的空白形的美感，也已经有了科学的研究和考量。

　　张道一先生有过将"图案"分为"基础图案"和"工艺图案"的表述："两者相对而言，'基础图案'是为各种工艺品的图案设计在艺术上所作的准备，而'工艺图案'则是在艺术的基础上适应着材料、工艺和用途的制约，所作的分门别类的设计。"[13]对照这个含义，这本教材则与《基本图案学》的书名相对应了。诚然如此，由于时代的局限性，书中讨论的图案范畴仍然主要集中在器物的装饰层面，即使已经开始注意器物的外形、结构以及工艺

---

12. 傅抱石编译：《基本图案学》，商务印书馆，民国二十九年十二月四版，第 172 页。
13. 张道一：《图案概说》，南京艺术学院学报《美术与设计》，1981 年第 3 期。

的适应性，但相对现代"设计"的概念而言，仍然更偏重装饰的表达，更多的笔墨也落在了纹样的构成方法上。在行文中的附图和举例中不难发现。生产力不够发达的中国近代社会，纺织品首先得到发展，而其他产品则相对滞后。优先发展的染织行业，促使了在彼时的产品设计中，纹样的运用首当其冲。虽然通篇教材所运用的图案思想可以作为当代设计的近代前身，但显然最早传入我国的金子清次氏等图案设计家们的图案思想，因为工业水平与现代的差距，同现代设计观念仍然是有相当出入的。如此这般，对于日后图案教学逐渐被相当一部分人认为是纹样教学之偏见的产生也就不难理解了。

二、《图案法ABC》中的图案释义

陈之佛著《图案法 ABC》由世界书局发行，"民国"十九年九月初版。本书开篇附有徐蔚南先生《ABC 丛书发刊旨趣》一文（图3），指出 ABC 丛书致力于将学术通俗化，并为中学生和大学生提供教科书或参考书而作。在这样的编辑目的统摄之下，书中讲述力图语言精练简洁、通俗易懂，在讲述每一个方法与原理时，都有配图予以直观的解释说明，深入浅出，读之可谓轻松。在陈之佛自题的例言里这样写道："本书为便于初学者起见，侧重平面图案并图案上应用的色彩，对于立体图案仅述其大意。"如例言所写，本书行文主要落墨在"平面模样组织法"和"图案色彩"两个章节，就其叙述内容来看，主要局限在染织纹样的组织方法上。图案的一般法则等也有所涉及。在阅读过程中，我们将主要

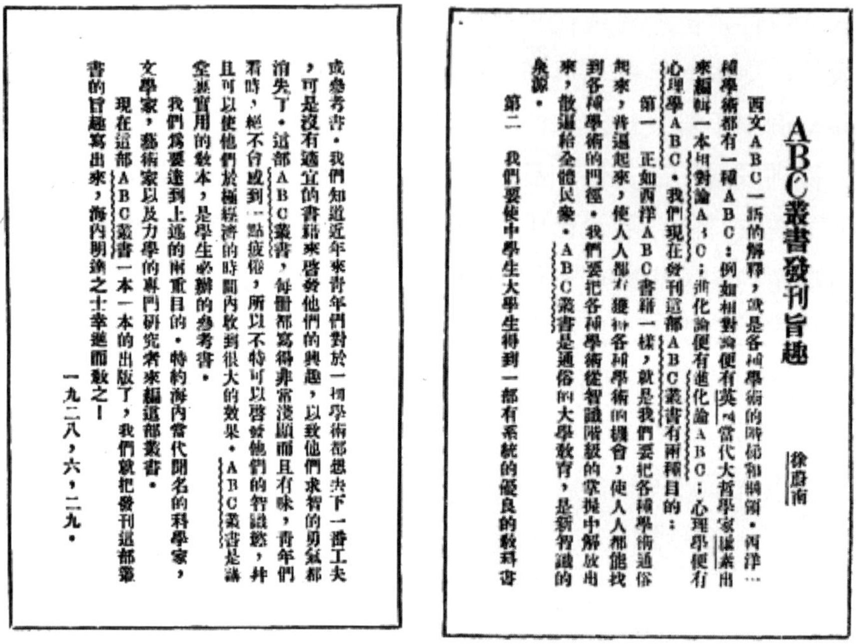

ABC叢書發刊旨趣

徐蔚南

西文ABC一語的解釋，就是各種學術的階梯和綱領。西洋各種學術都有一種ABC：例如相對論便有英國當代大哲學家羅素出來編輯一本相對論ABC；進化論便有進化論ABC；心理學便有心理學ABC。我們現在發刊這部ABC叢書有兩種目的：

第一 正如西洋ABC書籍一樣，就是我們要把各種學術通俗起來，普遍起來，使人人都有接近各種學術的機會，使人人都能找到各種學術的門徑。我們要把各種學術從智識階級的掌握中解放出來，散遍給全體民衆。ABC叢書是通俗的大學教育，是新智識的泉源。

第二 我們要使中學生大學生得到一部有系統的優良的教科書或參考書。我們知道近年來青年們對於一切學術都想去下一番工夫，可是沒有適宜的書籍來啓發他們的興趣，以致他們求智的勇氣都消失了。這部ABC叢書，每冊都寫得非常淺顯而且有味，青年們看時，絕不會感到一點疲倦，所以不特可以啓發他們的智識慾，並且可以使他們於極經濟的時間內收到很大的效果。ABC叢書是講堂裏實用的教本，是學生必辦的參考書。

我們為要達到上述的兩重目的，特約海內當代聞名的科學家，文學家，藝術家以及力學的專門研究者來編這部叢書。

現在這部ABC叢書一本一本的出版了，我們就把發刊這部叢書的旨趣寫出來，海內明達之士幸進而教之！

一九二八，六，二九。

图3 ABC丛书发刊旨趣（图片来源：陈之佛《图案法ABC》）

注意力集中在图案的研究方针和美的原则等章节，一窥这本书中关于图案的基本概念系统。

美与实用的原则是一个物品所应该具备的，在美的要素上，要求形状的、色彩的、装饰的三个方面之美；在实用角度上则应满足安全、便利、适应、有快感的、有使用欲的多个要求。美与实用在意匠过程中是同时进行不分先后的，全然不能完成了产品然后再附加装饰，但也不是全为了美感而后再依此设计产品。装饰与构造需要同时意匠，好的设计是美的学识与实地的练习共同实现的。在此基础上，再讨论美学的三原则：节奏、均衡、调和，以此来对物品的色调、形状和分量进行意匠。

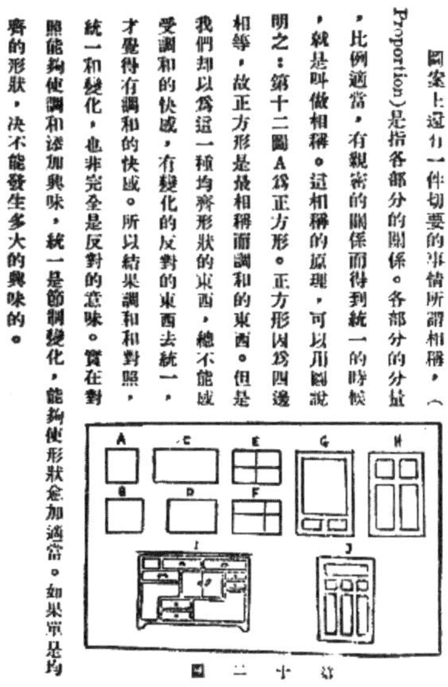
圖案上還有一件切要的事情所謂相稱，（Proportion）是指各部分的關係。各部分的分量，比例適當，有親密的關係而得到統一的時候，就是叫做相稱。這相稱的原理，可以用圖說明之：第十二圖A爲正方形。正方形因爲四邊相等，故正方形是最相稱而調和的東西。但是我們却以爲這一種均齊形狀的東西，總不能感受調和的快感，有變化的反對的東西去統一，才覺得有調和的快感。所以結果調和和對照，統一和變化，也非完全是反對的意味。實在對照能夠使調和添加興味，統一是節制變化，能夠使形狀愈加適當。如果單是均齊的形狀，決不能發生多大的興味的。

第十二圖

图4　有关图案与图案相称原理的概念说明

对于物品的色调、形状和分量有各自对应的美学原则考量，同时各要素之间又有相互的转化与穿插。如色调的均衡与形状的约束和分量的分布都有密切的关系，甚至是可以互相转化为对方的概念来理解。所以说这些要素之间不是决然的分水岭，而是一个有机的系统，各个要素是互相制约但又互相协调，故而有调和这一概念作最终的统摄。“前述的所谓调和，其中实在含着节奏或均衡，有时且含着节奏和均衡两者的并和。”[14] 故“调和”实质上是调和节奏与均衡两原则的，“一个形态上虽然具有各种不同的东西，如果能够伴着节奏均衡而生调和，则人的视线必可集注于全体，决不至分及于各部分而生不愉快的感觉。”[15] 均衡之中含有节奏，节奏又暗含均衡的安排，从整体上而言即为调和。这当中还特别指出了一个相称的概念，是指分量或比例上的调和，在物体整体的构成上，各个部分的体量之间，有对比而生统一，同时富有变化的趣味，即是相称的。

在“相称”这一概念的解释中，书中使用了柜子正面视图上

14. 陈之佛：《图案法ABC》，上海：ABC业书社出版，世界书局印行，“中华民国”十九年（1930年）九月初版，第14页。

15. 同上

的各个空间的划分对比（图 4）[16]。从这一例图中推断可知，陈之佛先生虽然在这本书中主要讲述了纹样（染织模样）的组织方法，但是其对于图案概念的认识，并不仅局限于此。对产品整体的构成方面也有所涉及，只是限于书籍编辑的范畴有所偏重。这一点在书中最后一章节关于立体图案的陈述中也可窥见。对于立体图案的理解，陈之佛先生与前文中傅抱石先生的《基本图案学》对于立体图案的理解似有师出同门之感[17]。皆是将立体物体的图案意匠方法转化为平面图案以方便理解，再以平面图案的构成法则进行分析，加入美的原则与实用性，方为立体图案。这样的思考方法简便而有效，对于初学者而言，不失为一种良好的讲授方法。回到上文关于图案学研究范畴的讨论，立体图案这一章节的补充，即将整本书的图案概念拓宽至了雷圭元先生所说"广义的图案"概念，摆脱了囿于狭义的纹样概念之嫌。

　　图案的研究方针，简单来讲，可以分为四个原则：遵循美与实用原则；对古代制品加以研究并变化；对自然进行研究并变化。对于古代制品的关注在其他书籍中也略有提及，但在此书中专门作为一个研究方针的专项被提出，可见著者对于此一项的重视程度。"应该研究过去的作品中所含有的诸原则，人类和图案的关系，一种图案与当时人民的生活和理想，究竟在怎

16.　陈之佛：《图案法 ABC》，上海：ABC 业书社出版，世界书局印行，中华民国十九年九月初版，第 15 页。

17.　傅抱石编译：《基本图案学》一书，原作者为日本教习金子清次氏；陈之佛则于早年留学日本，其图案思想可以说是有相当的日本图案学渊源。且二者对于立体图案的理解如出一辙，故此处说两者思想有师出同门之感。

样条件之下才产生的……"[18] 此种对于传统的关切，相对当时以新文化运动为倡导的废旧立新的激进主张是相当中肯和理智的。下文又谈到："然古代的作品，固然大都可以使我们有深强的感想，但是其中也有无价值的。对于这点，须得仔细辨别。"这样寥寥数言，构建了对待传统的完整观念。对于自然的研究，作者认为应当立足于自然之全面的美的内涵，加以总结和提炼，而不是自然的科学的研究。再借助于人工的力量行使变化之法。自然的变化方法，则有"写生、添加、模仿"三种。其中模仿的变化方法则是借用古名品中纹样素材进行变化和再设计，以求新模样。这里所指是直接借用具体的传统图案进行模仿和设计的方法，而不是形而上的借鉴理念的运用。

　　书中着墨最多的"模样组织"与"色彩配置方法"两个章节中，作者着重以染织产品的纹样的设计方法进行讨论，这不

18.　陈之佛：《图案法 ABC》，上海：ABC 业书社出版，世界书局印行，"中华民国"十九年九月初版，第 19—20 页。

19.　根据李有光、陈修范编《陈之佛文集》一书书末所附《陈之佛年表》显示，1912 年（民国元年），陈之佛先生时年 16 岁，考入浙江省工业学校，后学校改名为浙江省立甲种工业学校。1913 年进入本科学习，选择机织科，并开始学习图案，用器画、铅笔画等课程，其间与日本教习管正雄交往甚密。1916 年在浙江工业大学毕业，留校任教，教授课程：染织图案、机织法、织物意匠等，并兼任校办工厂管理员。1918 年考入日本文部省东京美术学校（现东京艺术大学）图案科，工艺图案部。是该科第一名外国留学生，也是我国第一个去日本专门学习工艺图案的人。师从当时图案科主任岛田佳矣教授（在日本被称为图案法的主任）。1923 年学成回国。故而陈之佛先生有相当的染织图案背景，在其书中以染织图案为例则顺理成章。不过笔者认为，作为普及类教材或参考书使用的"ABC 丛书"的编写，则更应该从相对广泛的范围对图案的意匠方法进行介绍。就初学者的角度而言，这样的编写方法可能会有先入为主的导向作用，有失于偏颇之嫌。

免使读者产生平面图案即是染织纹样设计的偏见。这与作者早年的学术背景或许有一定关系 [19]，此处不作详述。单就文中的"模样组织"方法而言，可谓言无不尽，十分全面详实。大量的列表和示意图，展示了相当的专业深度，就织物纹样的组织方法而言，则是其他同类图案书籍不能企及的（专门的染织纹样书籍除外）。在色彩的讨论中，作者使用了当时流行的三原色理论，将颜色进行科学的分解，并套用色彩心理学等新的理论科学，对颜色进行归类甚至量化。将色彩所形成的对比效果等予以规律化的总结，以表格的形式确定下来。当然，在前文"美的原则"一章中提到，色调之均衡与调和，最终仍然决定于长期判断力和感觉的积累。结合前后文来看，这样的总结是为更方便初学者入门所用。

　　ABC 丛书是一整套通俗读物，考虑到其所定位的阅读人群，陈之佛先生在书中并没有阐述过多的高深理论。但通过对全书的阅读，依然可以窥见书中的图案体系是完整、全面的。全书以人对美的本能追求为统摄，提出图案的目的正是改善人的生活，使之更加美好，正贯彻了蔡元培先生所积极倡导的"美育"思想。实际上，美育思想在此一阶段的各种书籍中都作为重要的基础列于书前，在该书中被作者解释得更加简练和通俗。而对于图案系统的陈述，较之于《基本图案学》又有了自己的见解和增减，例如添加了对于古制品的研究和直接借用等方式。总的来说，其所持观念与《基本图案学》确有众多重合之处，也有自身的发展和改进。如图 5 所示为图案系统整体概括表。

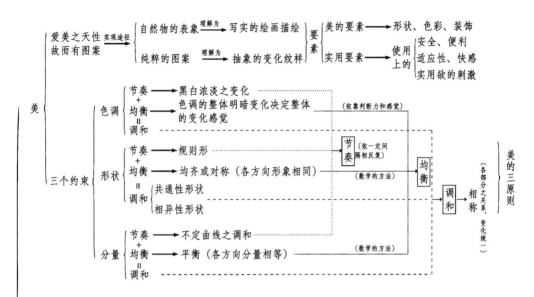

图案
├─ 美
│ ├─ 爱美之天性 ──实现途径──{ 自然物的表象 ──理解为──→ 写实的绘画描绘 }要素
│ │ 故而有图案   { 纯粹的图案 ──理解为──→ 抽象的变化纹样 }
│ │   美的要素 ──→ 形状、色彩、装饰
│ │   实用要素 ──→ 使用上的{ 安全、便利 / 适应性、快感 / 实用欲的刺激 }
│ │
│ └─ 三个约束
│   ├─ 色调{ 节奏 ──→ 黑白浓淡之变化 / 均衡 ──→ 色调的整体明暗变化决定整体的变化感觉 =调和 }（依靠判断力和感觉）
│   ├─ 形状{ 节奏 ──→ 规则形 / 均衡 ──→ 均齐或对称（各方向形象相同）=调和 / 共通性形状 / 相异性形状 }
│   │   节奏（依一定同隔相反复） （数学的方法）
│   └─ 分量{ 节奏 ──→ 不定曲线之调和 / 均衡 ──→ 平衡（各方向分量相等）=调和 }（数学的方法）

均衡 ──→ 调和 ──→ 相称（各部分之关系，变化统一）美的三原则

实用：装饰与构造同时意匠；美的学识+实地练习

研究方针{ 线、形、色调美的原则 / 实用原则 / 古制品的研究 / 自然的研究 }

自然与变化 ──→ 取自然整体材料，借人工力量，为变化（不取自然瞬间之美）
{ 写生变化 ──→ 依美的原则 / 添加变化 ──→ 想象 / 模仿变化 ──→ 将古名品改之，求新模样 }

模样{ 绘画模样 ──→ 不以表现为目的，受模样化的约束 / 纹样模样 ──→ 纯模样化的模样 ──→ 抽象化的物体描写，放置于一种型内的形态 / 绘画和纹样并用模样 }

组织方法 ──→ 以平面模样为例

立体图案{ 整形式 / 不整形式 }以器物的着眼点将器物转化为平面考虑

附：关于图案制作上的种种手续

图 5 《图案法ABC》图案系统

三、《新图案学》中的图案释义

　　雷圭元先生著《新图案学》（图 6 ）一书是经民国教育部审定的"部定大学用书"，是由政府行为层面规范的高等教育教材，其参考价值极其重要。雷圭元作为其所划分的美术学校图案科发展的三个阶段的亲历者，积极参与了教学与图案实践工作，他的著作可以说是民国阶段集图案学之大成者。其全新叙述方式和组织结构，展现了理论的深度和视野的广阔，而反观其他教材的编写，比如在体例和章节的安排上，都没有完全跳出日本教材的范畴。[20] 书中以人本质上对美的需要为切入点（这一点与前文傅书与陈书所持观点是完全一致的），将图案的意义上升到了人生价值追求的层面，作为高等教育的图案理论教材，引入形而上学的内容也是适用的。下文将通过笔者自身阅读的体会和归纳，梳理和解构该书的理论结构。

　　"图案"的概念在《新图案学》中其实并没有明确的定义，其行文落墨之处将"图案"直接指向了"艺术"，在第一章"图案与人生"中，着重强调了艺术之于人生的作用，认为人对于装饰有着本能的追求，而这种"生活更美好"的追求使人之所

20.　以傅抱石《基本图案学》《基本工艺图案法》和俞剑华《最新立体图案法》为参考，可以一窥此时代日本教材的基本体例。以及参考周博《北京美术学校与中国现代设计教育的开端》一文，所简述的日本教材的体例情况来看，民国时期图案教材大都沿用此种体例。日本讲义编写体例的影响主要表现在我国中学教育和职业教育的教材上，皆属于图案学发展前期的较为初级的教材。《新图案学》作为高等教育教材的编写初衷，以及民国政府开始审定高等教育教材，即表示我国已建立了相对完善的、自成系统的图案学体系。

以为人。图案则是美化生活的艺术，所以应该得到普及。将图案这一学科明确为对实际生活的艺术关照，就是雷圭元先生对图案本质的阐释，这样的理论高度，在同时期的书籍中当属先进之列。

至于"图案"一词的确切定义，雷圭元先生在发表于新中国成立后的一篇文章中曾提到"图案有狭义和广义两种含义。狭义的图案，是指平面的纹样的符合

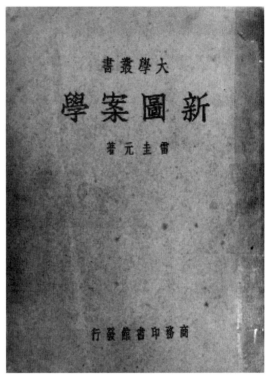

图6《新图案学》

美的规律的构成；广义的图案，则是关于工艺美术、建筑装饰的结构、形式、色彩及其所附的装饰纹样的预先的设计的通称。"[21]并特别指出当代图案范畴已扩大到"工业产品的设计领域中去了。"在本书中则正是采用了狭义的和广义的图案概念混用的叙述方法。这给阅读带来了一定的困难，两种图

21.　杨成寅、林文霞:《雷圭元论图案艺术》，浙江美术学院出版社出版，1992年，第3页。

案概念的转换，仅依靠前后语境进行区别，对于图案概念的准确传达有一定的稀释性[22]。下面摘录部分语句予以说明："图案的空间意识，亦是形而上的。一所好的建筑物，一袭好的服装，其美犹如一阕音乐，一首小诗。"[23] 又如："在十八世纪，图案快要窒死于智慧咆哮之中，这一下，可摆脱旧形式之桎梏，而在光中显露出原始的姿态，发出前所未有的光彩。就拿建筑来说，根本推翻过去的陈式，完全做到了如歌德所说的'冰冻的音乐'的理想境界。"[24] 在这些表述中，根据前后文语义，其"图案"的概念，是对建筑及服装的整体关照，故而此处"图案"为广义上之图案无疑。"……圆形中又画了一些山水人物之类的图案。

22.　关于"'图案'概念的被稀释"的表述应做如下理解：笔者认为就学界所讨论"图案"范畴时所出现的部分学者认为图案就是纹样的说法并非是空穴来风。在阅读大量民国时期所出版的图案类书籍时，这种现象尤为普遍。狭义的与广义的图案概念并行使用，且并没有具体的说明，在上文提到的傅抱石先生编译的《基本图案法》一书时，也有此种混乱的情况。故而笔者使用概念被稀释这样一种表述，即是说在混用中狭义纹样概念冲淡了广义上等同于"设计"的图案概念，使部分读者偏于认为图案即是狭义的纹样。这是我们不得不注意到的事实。但是，狭义与广义的界限范围实际上代表了不同学科对于图案的认识。如染织科则常采用狭义的图案概念。而工业产品设计，建筑设计等学科则更多地采用广义的图案概念。故"图案"一词之于"设计"之间的关系，笔者认为是设计工作范围不同以及学科之间互相的不了解，造成了这样一种争论。前文提到，国之新立，生产力不发达的背景下，纺织工业一类轻型又便于生产的工业必然成为首要发展之列。这种情况在民国初立之时与新中国初立之时都曾出现，故而可以大胆推测："图案"一词更多地被纺织产品的设计部门——染织科更多提及。那么，图案的概念便更多地偏向于狭义的概念，即"纹样"的设计。值得说明的是，本文在行文中尽量采用广义上的"图案"概念进行阐述，这也是本文之所以成文的立论基础。这样的讨论对于厘清笔者行文中可能出现的概念混用有一定帮助，故此解释说明。
23.　雷圭元：《新图案学》，上海·商务印书馆，1947 年 6 月初版，第 80 页。
24.　同上。

就好像一个大胖子……"[25] 此句摘录于文中对瓷器纹饰的讨论，明显可见，"图案"为纹样的概念。在文中其他部分，还有将众多古代绘画称作"图案"的表述方法，这里不作详细讨论。

雷圭元先生对于图案与设计的关系，"主张'和平共处'，愿用图案就用图案，愿用设计就用设计。"[26] 这样说即是代表了对于图案的定义，是站在广义的概念上理解的。在这里，将图案与设计的意义直接画上了等号。虽然这句引用来自于先生解放后所作的文章，但《新图案学》一书中也正是循着这个思路叙述的。不同于傅抱石先生的《基本图案学》的认识。如上文所述，傅抱石先生对于"图案"的概念是一个迂回的表述，用多个词汇并行的方式表达了现代意义上的"设计"概念，带有些许模棱两可的意味。不得不说在民国图案学尚未成熟的阶段，雷圭元先生的理解能力与智识是多么的超前。

可以说这本教材几乎巨细无遗，包括它的历史面貌、涵盖内容、表现形式、构成方法，甚至风格变化以及对整个学科的展望与期许。作为彼时高等教育用书，技法的传授可能并不是教学大纲所要求的重点，虽然书中在每个章节的最后安排了"实习方案"，进行具体图案训练技法的教授，但通览这本教材可以看到，其是站在图案的组成形式与意义等理论高度切入图案这一概念的，是以历史的、宏观的、发展的眼光探查图案这一学科的，是一部偏"论"的著作。

25.　同上。

26.　杨成寅、林文霞记录整理，雷圭元论图案艺术 [M]，浙江：浙江美术学院出版社出版，1992.9，第 3 页。

图案的源泉和内容：图案的源泉指装饰资料方面，即组成图案的形体、花纹和色彩三者，以及此三者所连带的社会的、审美的、生理与心理的影响。图案形体中的塑造型与建筑形分别展示了人类的肉体感与精神感。也即是产品造型的塑造来自于人们对身体的感受性，如瓶子的外轮廓曲线等，用紧张的或松弛的肌肉形状塑造物体会带来不同的效果（图7）。而建筑则是整个环境带来的感受性，如庄严、崇高等，即"场所感"，这样的认识是

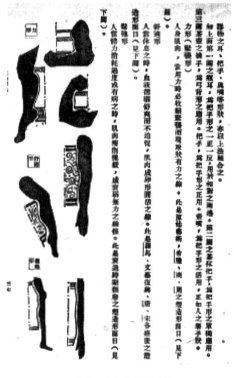

图 7　《新图案学》插图

充满了现代性的。而线条与色彩的语言则正是如前述中之于人体的经验所得，紧张或放松的线条，温暖或冷酷的颜色皆是如此。不同的是前者是抽象的，经过自然模拟后变化的，而后者则与时代的、精神的、经验的直接相关。图案的内容一章则将图案的发展比喻为一个小姑娘的诞生到成年，叙述了整个图案发展过程中所吸纳的内容。自纪元前二万年始，原始的图案只是自然界的简单图形，对视觉物象的描绘，如贝壳、乳房等，是较为随意的。待将自然形象依据了"有秩序的位置，安排配列"，

"与纯粹描写的艺术分了路，成为意匠的图案形样"[27]。此时则是加入了绘画的内容了。而幻想内容的参与则是由于宗教的发展。诗与音乐的内容则是到了近代，诗性的表达是文学的，以理智为基础的，有内容的表达；音乐性的表达则是纯粹的，直觉的表达。不为理智所左右的，不具有逻辑意义的，本能的快感。

　　图案的形式与构成：形式中八个关键词，即"完整、加强、变化、节奏、对照、比例、安定、统调"。这八个词语涵盖了空间与时间的、动态与静态的、部分与整体的、心理与生理的多种表现形式，这些形式"抑伏和支配许多感觉及感情的骚动"[28]。这部分内容其实在雷圭元先生其他的著述中也早已埋下过伏笔，如发表于 1943 年的《工艺美术之理论实际》一文中，就曾简单提到[29]。但就讨论深度而言远不及本书。在对比例这一关键词的讨论中，不仅有其他书籍常用的黄金比等概念，同时还引入了原始的人机工程学的概念，单单美学上的美是不能成立的，图案的所有作为都应以"人"为尺度。关键词中最后一个"统调"的说法也是在其他同类书籍中鲜见的，书中称"统调与统一不同，统一是形式的形式，统调是形式的精神。"一语道明"统调是图案的最高格局"，统筹达到人的生理的、精神的、社会的、合乎自然的等等方面的和谐。之于图案，在书籍一开篇便与艺术同

27.　雷圭元：《新图案学》，上海：商务印书馆，1947 年 6 月初版。

28.　雷圭元：《新图案学》，上海·商务印书馆，1947 年 6 月初版。

29.　此文发表于《读书通讯》杂志 1943 年第 66 期，文中篇头注明"编者按：此篇为雷先生新著《工艺美术之理论与实际》的总论。"惜此书笔者并未找到。此一篇总论小文中却也有所涉及。

列，图案的美即是艺术的美，与绘画音乐等殊途同归，在"统调"之下，上升为真正的艺术。

　　值得一提的是，文中关于"残缺美"的讨论颇为有趣，"残缺美之所以存在，依然着力于原来之完整形。……形式美之成立，并有着伦理的因果关系，要从丑恶和残酷的人生里，提出绝对的美。"[30] 并将为保护他人而残缺的人体和身染恶疾而残缺的人体比较，将残缺美上升到社会伦理层面，带有显著的时代特征。

　　关于构成的讨论，同样是重论原则，不细究方法。图案意匠的"出发点是为全人类服务"是"成为平民的，民主的，生活方式改进中之指导者和服务者。"文中严厉地否定了为装饰而装饰的理念，并将图案的"意"与"匠"并重[31]，形成不同于以往"奢侈"的图案构成方法。作者认为陈旧的图案观念（联系上下文可知，此处"陈旧的图案观念"特指部分专为特权阶层玩赏的工艺品的设计观念，笔者注。）是主观上的独霸，仅以美学的考虑而忽视了人的尺度，忽视实用性而不能服务于大众。新的图案意匠则应该在产品的格式、形状、色彩上加之视觉的、触觉的、工作上的、材料上的、生活方式上的各个方面的考虑，方能完成图案的使命——"便利于使用；给人类精神生活与物质生活之间，保持平衡的冲进。"[32]（应作"冲劲"，笔者注。）

30.　雷圭元：《新图案学》，上海：商务印书馆，1947 年 6 月初版。

31.　书中谈到"意匠两个字要分别来看：意字是'神圣的美的沉思'，匠字是'科学处理的一般法则'。没有美的沉思，科学的处理，也就止于死的科学的处理而已。没有科学的处理，沉思的美也止于没有表示的抽象而已。因此没有意匠也就没有图案。"引自《新图案学》第五章，"图案构成上之考虑"，第 132 页。

32.　雷圭元：《新图案学》，上海：商务印书馆，1947 年 6 月初版，第 142 页。

　　图案的格式与事业：图案之格式在文中作者注明为"Style"，用当代汉语的翻译方法则为风格。而文中格式之代指与风格无异，"是从图案作品之制度、样式、容貌、气韵上面，看出某作家、某地域、某民族、或某时代的特有风味，这特有之风味，我们称之为格式。"从对格式的讨论，作者再次展现了他的宏观视野，对待不同地域、民族的格式融合，采取了积极乐观的态度，认为新时代应有新的面貌。对于机器生产对旧有手工业的冲击，也采取了顺应其发展的态度，接受科学、接受新的方式方法，并对新的独立的开放的图案风格予以歌颂。接下来的叙述中，又以纹样风格的变迁为例，简单阐释了世界各地多个民族国家的图案格式变迁，可见著者研究之阔度，这给当时的读者提供了一定的参考价值。

　　手工艺被取代逐渐走向机器工艺，是不可避免的事实。但机器所带来的灾难已经显现——人文关怀的缺失与流水线生产带来的喧宾夺主的生活方式，都构成了工业图案（设计）对人本位的侵犯。不能全然因为功利竞争而失却了人本身追求美好生活的初衷。机器应当退而为人服务，不应奴役人于机器。图案则应当重回生机，一切以人之美好为设计标准。发展中的效率要求必然产生分工，分工的生产方式利弊参半，故而又应有积极而高效的合作，来弥补因分工造成的专业分野。促进设计的专门化，使之工作更深入从而更好地服务大众。世界环境在近代的连接使各种风格互相融合，图案家们则更当在其中寻求共同的、积极向上的趣味进行工作。这种种的担忧与期望，构成了图案之整体要完成的事业。这些观点时至今日，依然有着

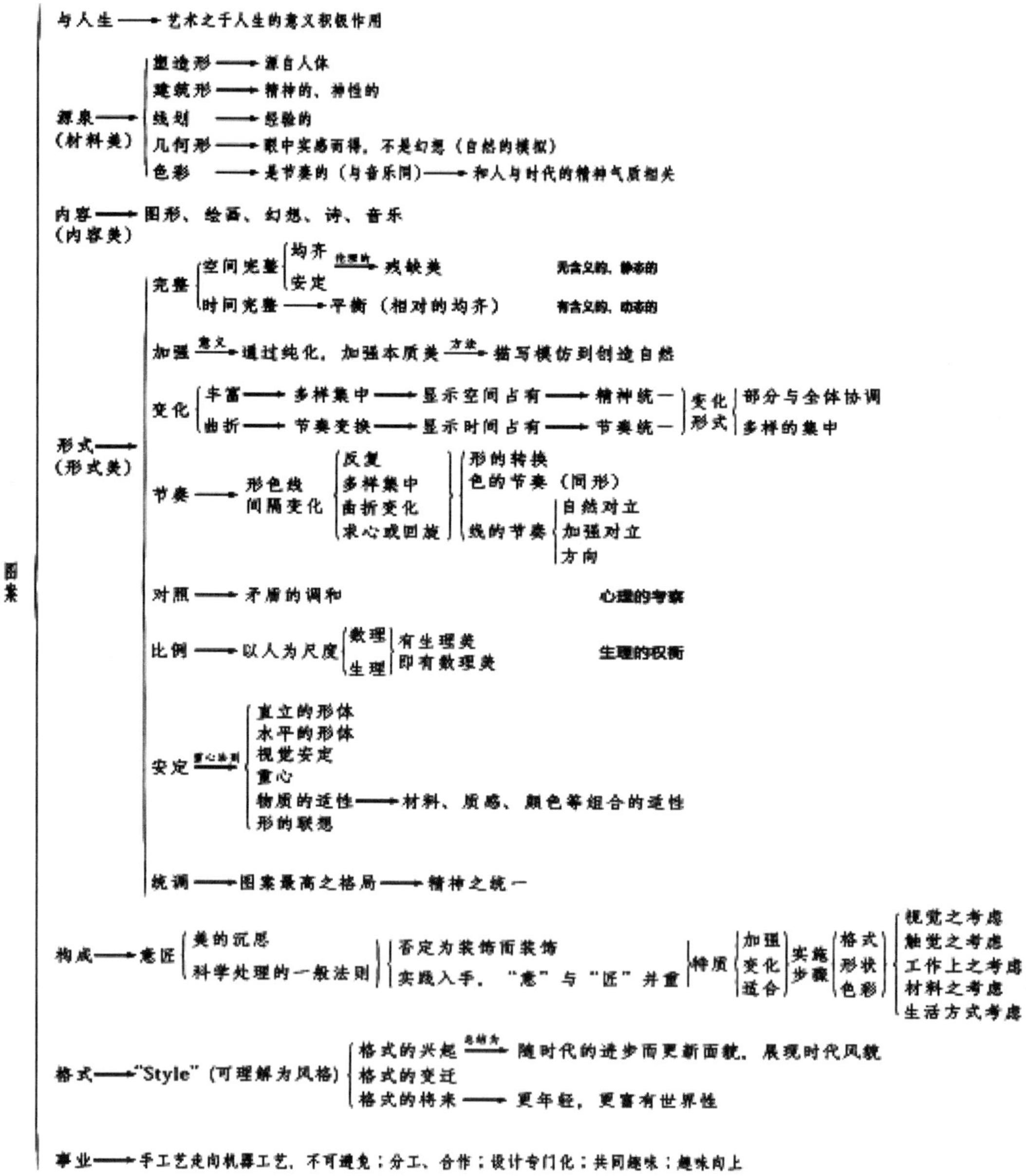

图案

与人生 —— 艺术之于人生的意义积极作用

源泉
（材料美）
- 塑造形 —— 源自人体
- 建筑形 —— 精神的、神性的
- 线划 —— 经验的
- 几何形 —— 眼中实感而得，不是幻想（自然的模拟）
- 色彩 —— 是节奏的（与音乐同）—— 和人与时代的精神气质相关

内容
（内容美）—— 图形、绘画、幻想、诗、音乐

形式
（形式美）
- 完整
  - 空间完整 — 均齐、安定 — 作用片 —— 残缺美　　　无舍弃的、静态的
  - 时间完整 —— 平衡（相对的均齐）　　　有舍弃的、动态的
- 加强 意义 —— 通过纯化，加强本质美 方法 —— 描写模仿到创造自然
- 变化
  - 丰富 —— 多样集中 —— 显示空间占有 —— 精神统一
  - 曲折 —— 节奏变换 —— 显示时间占有 —— 节奏统一
  - 变化形式 —— 部分与全体协调　多样的集中
- 节奏
  - 形色线间隔变化
    - 反复
    - 多样集中
    - 曲折变化
    - 求心或回旋
  - 形的转换　色的节奏（同形）
  - 线的节奏 —— 自然对立　加强对立　方向
- 对照 —— 矛盾的调和　　　心理的考察
- 比例 —— 以人为尺度
  - 数理 —— 有生理美
  - 生理 —— 即有数理美　　　生理的权衡
- 安定 重心法则
  - 直立的形体
  - 水平的形体
  - 视觉安定
  - 重心
  - 物质的适性 —— 材料、质感、颜色等组合的适性
  - 形的联想
- 统调 —— 图案最高之格局 —— 精神之统一

构成 —— 意匠
- 美的沉思
- 科学处理的一般法则
- 否定为装饰而装饰
- 实践入手，"意"与"匠"并重
- 性质
  - 加强
  - 变化
  - 适合
- 实施步骤
  - 格式
  - 形状
  - 色彩
- 视觉之考虑
- 触觉之考虑
- 工作上之考虑
- 材料之考虑
- 生活方式考虑

格式 —— "Style"（可理解为风格）
- 格式的兴起 总倾向 —— 随时代的进步而更新面貌，展现时代风貌
- 格式的变迁
- 格式的将来 —— 更年轻，更富有世界性

事业 —— 手工艺走向机器工艺，不可避免；分工、合作；设计专门化；共同趣味；趣味向上

图 8《新图案学》图案系统

教育和思考的意义。

　　这本著作是一次宏观的以图案为主题的畅游，可以使学生了解图案发展的前世今生，也看到了图案的内容、设计的方法以及所应肩负的责任。针对高等教育人群，该书在开篇就以论述为主体，省略了图案基础训练方法的讲解，以拔高和拓展阅读者的认识为宗旨，可以说是一本重"论"的教材。围绕图案这个关键词，作者以历史的、广义的、动态的眼光叙述了一个完整意义上的概念。其呈现出的是一个系统的、自治的、有明确学科自觉的图案系统。可以这样说，该书中的图案概念基本等同当代的"设计"概念。以图表的形式可以更直观的了解《新图案学》中所展示的整个图案系统，如图 8 。

结　语

　　以读书笔记的形式记录并整理了《基本图案学》、《图案法ＡＢＣ》和《新图案学》三教材，在学习整理的过程中，对于图案学科的发展有了一次从源头而始的畅游。可以看出，对于图案学科的理解，因各个学者的学科和实践背景而异，所采用的词汇表达也不一而足，且针对不同层面教育的侧重点也有所变化，不能简单以一个单独的定论来解释此时期"图案"一词在学科发展中的定义与认识。

哲　思

东方思想文化概说
——中国易、儒、道、佛与诗歌概说

旅美学者／黄世中

引　言

中国先辈们对易、儒、道、佛、诗的设计，至今仍深深植根于中国人民的心中，任何异族的思想文化都不能代替，更不能取代。即使历史上曾经有异族用武力征服，并建立了王朝，但他们却被中国传统思想文化所征服，并从骨髓里融入了中国先辈们所设计的易经、儒学、道家和儒化佛教，以及中国古典诗歌的节律。此可见先辈们对中国文明设计具有无比优越性。中国传统思想文化，不论是易，是儒，是道，是佛教的儒化，还是诗歌的节奏韵律，都是先辈们设计的一批"元范畴"派生出来的。

马克思在《哲学的贫困》中说：

正如从简单范畴的辩证运动中产生群那样，从群的运动中

产生系列，从系列的辩证运动中又产生整个体系。（《马克思恩格斯全集》第四卷，第142—143页）

马克思指出，只要我们抓住辩证法中各种简单的范畴，加以分析，综合，研究，就能发现范畴群，而几个近似的"群"，又可以组合成同一的系列，几个系列又可以连成一个完整的体系。其发展、构成的脉络，应该是这样的一个过程：

"范畴" —— "群" —— "系列" —— "体系"

而中国传统思想文化中的一系列范畴，又是由几个"元范畴"所派生，如刚与柔，动与静，以及高低、长短、祸福、得失、悲欢、离合、形神、音声等等，都是从"阴阳"这一个"元范畴"派生出来的。

中国传统文化的"元范畴"，至少应包括"道""气""中""一两""阴阳""生死""形神"；如果含传统诗学在内，则应加上"境"和"韵"。

以下选择"道""气""阴阳"和"境""韵"五个"元范畴"作一简要论述。

一

《左传·昭公十八年》：郑国裨灶根据天象的变异，预言将有火灾。子产曰："天道远，人道迩，非所及也，何以知之？灶焉知天道？"

而孔子不言"天道"而设计"人道"：

《论语·公冶长》："夫子之言性与天道，不可得而闻也。"

《论语·述而》:"志于道,据于德,依于仁,游于艺。"

孔子将"道""德""仁""艺"设定为四个层次,"道"是原则,"德"是"道"的实际体现,"仁"是最主要的"德","艺"(礼乐)是"仁"的具体表现形式。

而老子则认为"道"是"宇宙的本原"。《老子》第二十五章:"有物混成,先天地生,寂兮寥兮!独立不改,周行而不殆。可以为天下母。余不知其名,字之曰道,强为之名曰大。"

由文献可知,所谓"天道",即日月星辰运行所必须遵循的自然规律,而"人道"则是人类生活必须遵循的规矩、规范。而《易传》则进一步指出:"一阴一阳之谓道。"

老子发展了《易传》,提出了"道是宇宙的本源"的观点。

《老子》第四十二章云:"道生一,一生二,二生三,三生万物。万物负阴而抱阳,充气以为和。"

所谓"一",即是"混沌";"二"指的是"阴、阳","天、地";"三"指"阴气、阳气和冲(中)气"。阳气(天)和阴气(地)之间的"冲气",可视为阴阳中间的"空气"。

由此可知,老子的"道",实际上先于天地存在的客观规律。道家的庄子认同老子,认为"道先于天"。

至于"道"运用到人文、社会,则是儒家。儒家(孔、荀)强调人道,即社会伦理准则。孔云:"朝闻道,夕死可矣。"荀子《儒效》:"道者,非天之道,非地之道,人之所以道也。"

二

老子认为"道"生混沌之"气"，生阴阳二气，激荡而成为冲气（空气）。

上引《老子》第四十二章言"道生一，一生二，二生三，三生万物。万物负阴而抱阳，冲气以为和。"据马王堆甲本作"中气以为和"。"中"、"冲"古今字，用同，"冲气"即"中气"。混沌之初，轻清之气上升为天，为阳气；阴浊之气下降为地，为阴气。阴阳二气交感，激荡而生中（冲）气，即天地、阴阳二气之间的"空气"，所谓"二生三"，"二"即阴、阳二气，即天与地，"三"即"空气"。在空气中，由于有了太阳（日）、太阴（月）与陵陆（阳）与雨水（阴），便诞生与养育了"人"。这就是"三生万物"。

而周太史伯阳父提出"气为天地间阴阳二气"的思想："夫天地之气，不失其序。若过其序，民乱之也。阳伏而不能出，阴迫而不能蒸，于是有地震。"（《国语·周语》）原伯阳父之意，即阴阳为天地二气，认为天地之气有一定的秩序即规律，阴阳可以互动。

《左传·昭公元年》记载，医和认为"气"含"六气"，即阴、阳、风、雨、晦、明："天有六气，降生五味，发为五色，征为五声，淫生六疾。六气曰阴阳，风雨，晦明也。分为四时，序为五节，过则为灾。"

按：医和认为，"六气"是五味、五色、五声的来源。"六气"，气也；"五味""五色""五声"，象也。知此为"气象"一语之来源。

至管仲设定"气为生命的本原"。《管子·内业》云："天出其精（神），地出其形，合此以为人。"认为阳气成为人之精神，阴气则成为人之体魄。所以，"有气则生，无气则死，生者，以气也。"（《管子·枢言》）

庄子进一步提出"气聚而生形"与"通天下为一气"。

《庄子·至乐》云："察其始而本无生，非徒无生也，而本无形；非徒无形也，而本无气。杂乎芒芴之间，变而有气，变而有形，形变而有生。今又变而之死，是相与为春秋冬夏四时行也。"

《庄子·知北游》又言："人之生，气之聚也，聚则为生，散则为死。若生死相徒，吾又何患？故万物一也。故曰：通天下一气也。"

承继庄子的中国历代朴素的唯物论者，如王充在《论衡·论死》中认为，聚合成人的叫"元气"；阮籍《达生论》以为"身者，阴阳之精气"。

而后有《淮南子》提出"形、神、气是人体生命的三大要素"的观点。《原道训》云："人之存在，形、神、气"。《精神训》云："精神盛而气不散"，"血气滔荡而不休"。言气作为无形的流动体，为生命输送能量。

从自然之"气"转入人体、人伦、人生领域的是孟子。孟子将"气"与人之立"志"相联系，认为人之有了"志"，而后有"气"，"志"统帅"气"。《孟子·公孙丑上》云："夫志，气之帅也；气，体之充也。"《公孙丑·上》又云："志一，则动气，气一，则动志。"

　　按：孟子认为，"气"属于身，"志"属于心（思想）。根据
对"气"的伦理人文化，孟子又提出"浩然之气"的理论。《公
孙丑上》云："我善养我浩然之气……其为气也，至大至刚，以
直养而无害，则塞于天地之间。其为气也，配义与道，无是，馁。
是集义所生者。"原孟子之意，言人若在身与心两方面都能修养，
则人体内之气可与天地之气融合为一。这是一种心灵体验，一
种精神状态，一种在儒家道德伦理的行为中，通过积累而产生的。

　　曹丕则将"气"引入文章的领域，提出"文气"之说。

　　曹丕《典论·论文》云："夫文章，经国之大业，不朽之盛
事"。又云："文以气为主，气之清浊有体，不可力强而致。"其
后刘勰《文心雕龙·风骨》承袭曹说，提出了为文的"意气"："意
气骏爽，则文风清焉。

　　到了北宋，张载将"气"提高到人的本质的层次，提出"气
质"。张载言，人有"气质之性"，以为人需变化"气质"，使之
返回"天地之性"云云。

　　而南宋的朱熹则提出"理气"说。朱熹在《答黄道夫》云："天
地之间，有理有气。理也者，形而上之道也，生物之本也；气也者，
形而下之器，生物之具也。"其基本认识，即认为"气"是一种
物质存在。

　　这里必须特别强调的是曹丕的"文气说"。曹丕《典论·论文》：
"文以气为主，气之清浊有体，不可力强而致。譬之音乐，曲度
虽均，节奏同检，至于引气不齐，巧拙有素，虽在父兄，不能
以移子弟……孔融体气高妙"。曹丕以文气与音乐相比拟，提到
"曲度""节奏"，实与文章之美学要素有关。这一个命题的提出，

标志着文章之美与美感认识的一个飞跃，也标志着文学从经学的附庸，走向自觉。

其后，晋人袁准提出"气分清浊"之说。其《才性论》云："物何故美？清气之所生也；物何故恶？浊气之所施也。"王昌龄则倡"气生情"的理论。其《诗格》云："夫文章兴作，先动气，气生乎心，心发乎言，闻于耳，见于目，录于纸。"所谓"兴作"，即是"情生"；"情生"，或悲，或喜，均能可感人之心，并由此而产生悲情之美或喜乐之美。

三

自《易经》提出"阴阳"以后，伯阳父接过阴阳的概念，提出"阳伏""阴迫"产生地震，将阴阳纳入"气"的两极。

"阴阳"最初只是自然现象的概念："阴"之本义当是"背日"，而"阳"为"向日"。

梁启超《阴阳五行说之来历》作了统计后认为，阴阳的字义，最初所指只是"自然现象"：《仪礼》未有"阴""阳"二字；《诗》言"阴"者八处，言"阳"者十四处，言"阴阳"者一处；《书》言"阴""阳"各三处；《易》仅"中孚卦九二爻辞"中有"阴"一处。结论："阴阳不过是自然现象，不含任何深邃之义"。

"阴""阳"作为单一、相反的对举概念，最早出自《国语·周语》，即周太史伯阳父对地震的解释。周幽王二年（公元前780年），镐京一带地震，伯阳父曰："周将亡矣！夫天地之气，不失其序；若过其序，民乱之也。阳伏而不能出，阴迫而不能蒸，于是有地震。今三川实震，是阳失其所而镇阴也。阳失而在阴，川源必塞。源塞，国必亡。夫水土演而民用也。水土无所演，民乏财用，不亡何待？"

按：伯阳父将地震解释为阴、阳二气交感互动，相互作用的结果，从而从对立的观点来解释自然现象。

此后，发展到将阴、阳用来指代宇宙间一切贯通自然、社会的物质、人事、精神的两大对立面，将一切对立的现象，如天地，日月，昼夜，炎凉，寒热，男女，父母，夫妻，上下，东西，南北，攻守，胜负……皆抽象为"阴阳"的一般概念。

阴阳先是指天地间化生万物的两种"气"。如上引伯阳父之言说，以及《易传·系辞上》"阴阳不测之谓神"。

阴阳指"天地"。

《礼记·郊特牲》："乐由阳来者也，礼由阴作者，阴阳和而万物得。"孔颖达疏："和，犹合也；得，谓各得其所也。若（如）礼、乐由于天地，天地与之和合，则万物得其所也。"孙希旦《集解》："乐由天作，故属乎阳；礼由地制，故属乎阴，阴阳和则万物得，礼乐和则万事顺。"

阴阳指"日月"。

如杜甫《阁夜》："岁暮阴阳催短景，天涯霜雪霁寒宵。"苏轼《冬至日》："阴阳升降自相催，齿发谁教老不回。"

阴阳指"昼夜"。

《礼记·祭义》："日出于东，月生于西；阴阳长短，终始相巡。"孔颖达疏："阴谓夜也，阳谓昼也。夏则阳（日）长而阴（夜）短，冬则阳（日）短而阴（夜）长。"又如扬雄《太玄》："一昼一夜，阴阳分索。"

阴阳指"寒暑"。

如宋玉《九辩》："四时递来而卒兮，阴阳不可与俪偕。"王逸注："寒往暑来，难追逐也。"

阴阳指"春夏与秋冬"。

如《文选·古诗（驱车上东门）》："浩浩阴阳移，年命如朝露。"李善注引《神农本草》曰："春夏为阳，秋冬为阴。"

阴阳指"雷电与雨雪"。

《谷梁传·隐公九年》："三月，癸酉，大雨震电。震，雷也；电，霆也……阴阳错行。"范宁注引刘向云："雷未可以出，电未可以见；雷电既以出见，则雪不当复降，皆失节也。雷电，阳也；雨雪，阴也。雷出非其时者，是阳不能闭阴；阴气纵逸而将为害也。"

"阴阳"从自然现象进入社会，成为社会现象、人伦、人事的重要范畴，成为社会、人伦和人事一个相对待的辩证概念。如：

阴阳用来指"君臣"。

屈原《九章·涉江》："阴阳易位，时不当兮。"王逸注："阴，臣也；阳，君也。"洪兴祖《补注》："阴阳易位，言君弱而臣强。"

阴阳可指"夫妇"。

《礼记·郊特牲》："玄冕齐戒，鬼神阴阳也。"（黑帽斋戒，敬夫妇如敬鬼神）孔颖达疏："阴阳谓夫妇也。著祭服而齐戒亲近，是敬此夫妇之道如事鬼神，故云阴阳鬼神也。"

阴阳又可指"男女"。

宋人高承《事物纪原·天地·阴阳》引《春秋内事》云："伏羲氏定天地，分阴阳。"明归有光《贞女论》："阴阳，配偶，天地之大义也。"

阴阳甚至可用来指"男女生殖器官"。

《明律·斗殴》:"若断人舌及败人阴阳者,并杖一百,流三千里,仍将犯人财产一半断付被伤笃疾之人养赡。"

阴阳又指乐曲的声阶"律吕"。

《周礼·春官·大师》:"掌六律六吕,以合阴阳之声。阳声:黄钟,太簇,姑洗,蕤宾,夷则,无射。阴声:大吕,夹钟,仲吕,函钟(林钟),南吕,应钟。"

按:《尚书·尧典》:"声依永,律和声。"《汉书·律历志上》:"律有十二,阳六为律,阴六为吕。"是"阳"为律,"阴"为吕。吕,膂之古字,脊骨,象形。律,古代用竹管或金属管制成的定音乐器,以管的长短确定音阶的高低。律吕共十二管,管径相等,长短不同;以管之长短来确定音阶的不同高度。六律:黄钟古尺九寸,太簇古尺八寸,姑洗古尺七寸一分一厘一毫,蕤宾古尺六寸三分二厘,夷则古尺五寸六分一厘八毫,无射古尺四寸九分九厘四毫;六吕:大吕古尺八寸四分二厘七毫,夹钟古尺七寸四分九厘一毫,仲吕古尺六寸六分五厘九毫,函钟(林钟)古尺六寸,南吕古尺五寸三分三厘三毫,应钟古尺四寸七分四厘。从低音数起,成奇数的六个管叫律;成偶数的六个管叫吕。

阴阳指"奇偶"。

《白虎通·嫁娶》:"七岁之阳也,八岁之阴也,七八十五,阴阳之数备矣。"

阴阳指"动静"。

《大戴礼记·文王官人》:"考其阴阳,以观其诚。"卢辩注:

"阴主静，阳主动；考其阴阳者，察其动静也。"

阴阳指"开合"。

《后汉书·班固传上》："张千门而立万户，顺阴阳以开合。"李贤注："合谓之阴，开谓之阳。"

阴阳指"依违、向背"。

《东周列国志》七十二回："郑阴阳晋楚之间，其心不定，非一日矣。"

阴阳指"人间和阴间"。

白居易《长恨歌》："一别阴阳两渺茫。"

阴阳指"死生、生杀"。

屈原《九歌·大司命》："乘清气兮御阴阳。"王逸注："阴主杀，阳主生。言司命常乘天清明之气，御持万民死生之命也。"

……

"阴阳"概念及"阴阳"一词，发展至今日，已进入现代汉语书面语和口语。如阴性、阳性，阴电、阳电，阴谋、阳谋，阳世、阴间，春阳、秋阴等等。

四

境界和意境。

自然之"境"。

唐薛用弱《集异记·蔡少霞》："居处深僻，附近龟蒙；水石云霞，境象殊胜。"李东阳《南行稿序》："连山大江，境象开豁；廓然若小宇宙而游混茫者，信天下之大观也。"俞樾《春在堂笔记》卷二：“云栖修篁夹道，意境殊胜。”

心象之“境”。

郭象《庄子序》：“用其光则其朴自成，是以神器独化于玄冥之境而源流深长也。”《世说新语·排调》：“顾长康啖甘蔗，先食尾。问所以，云：‘渐至佳境。’”

艺术之“境”。

韩愈《桃源图》：“文工画妙各臻极，异境恍惚移于斯。”《宋史·舒璘传》：“敝床疏席，总是佳趣；栉雨沐风，反为美境。”《红楼梦》第一百零三回：“学生自蒙慨赠到都，托庇获隽公车，受任贵乡，始知老先生超悟尘凡，飘举仙境。”端木蕻良《关山月的艺术》：“画梅花的，很少能闯出林和靖式的梅花品格，总是强调暗香疏影这般意境。”

按：佛教借用为“心意对象之世界”，即心象之境。佛教对尘世，称为“尘境界”，视觉所能触及之物质世界，称“色境界”，而佛教戒律所规定之世界，则称为“法境界”。《无量寿经》卷上：“比丘（告）白佛，斯义弘深，非我境界。”

至于诗文所达到的境界，即“意境”，中国古代对诗歌、文章、音乐、绘画的评论，则比比皆是。

王昌龄《诗格》的“三境说”：一曰物境，二曰情境，三曰意境。

《唐才子传·张南史》：“稍入诗境。”

明朱承爵《存余堂诗话》：“作诗之妙全在意境融彻，出音声之外，乃得真味。”

魏源《栈道杂诗》之七：“奥险半平淡，文章悟境界。”

林纾《与姚叔节书》：“盖古文之境地（界）高，言论约。”

　　王国维《人间词话》：“词以境界为最上，有境界，则自成高格”。“言气质，言神韵，不如言境界。有境界，本也；气质、神韵，末也，有境界而二者随之矣。沧浪所谓兴趣，阮亭所谓神韵，不过道其面目，不如鄙人提出境界二字，为探其本也。”

　　并且进入了戏曲、小说的领域。如汤显祖《红梅记总评》：“境界迂回婉转，绝处逢生，极尽剧场之妙。”梁启超《小说界之革命》：“小说者，常导人游于它境界，使读者忘掉了现境界，感人至深，莫此为甚。”

　　原古人对意境的一般认识，或以为，意境为诗人、作家、艺术家“意化”、“情化”了的自然、社会及人事境象。是诗人、作家、艺术家通过形象所表达的心象境界，所谓“意化”和“情化”。其特点具有全局性、统一性、意蕴性，即境中有象（自然的、社会的、人事的）；境中有情（王国维云：能写真景物、真感情者，谓之有境界，否则谓之无境界）；境中有神（我神与他神，即不仅有诗人之神在，还有描写对象之神在）；境中有韵（气韵生动，韵律与风格统一，节奏可以感知）。

五

　　气韵和神韵。

　　“韵”（韻）原指和谐的声音。《说文解字》：“韵，和也，从音，员声。”《玉篇》：“音和曰韵也。”卢谌《赠刘琨》“远韵”，李善注：“韵，谓德音之和。”

　　“韵”有自然声响之韵。

如谢庄《月赋》云："若乃凉夜自凄，风篁成韵。"何逊《七召》："竹距石以衮通，水韵松而含响。"

唐人擅诗，每以"韵"称写自然景物。如孟郊《游华山云台观》："夜闻明星馆，时韵女萝弦。"刘禹锡《海阳湖别浩初师》："风止松犹韵，花繁露未干。"韦庄《和薛先辈见寄》："露白凝湘簟，风篁韵蜀琴。"韩偓《海山记》："轻片有时敲竹户，素华无韵入澄波。"

"韵"有乐音之韵。

如蔡邕《琴赋》"繁弦既抑，雅韵复扬。"曹植《白鹤赋》："聆雅琴之清韵。"

韦庄《哭同舍崔员外》："祭罢泉声急，斋余磬韵长。"

"韵"有风度、风雅之韵。

如《宋书·谢弘微传》："康乐诞通度，实有名家韵。"《世说新语·言语》："支道林常养数匹马，或言道人养马不韵（雅）。"《洪武正韵》曰："韵，风度也。"

"韵"有人生情趣之韵。

如陶渊明《归田园》之一："少无适俗韵，性本爱山区丘。"江淹《知己赋》："每齐韵（相同情趣）而等径，辄同怀而共述。"

韵亦可称赏美丽和标致。

如辛弃疾《小重山·茉莉》："莫将他去比荼蘼，分明是他更韵些儿。"周辉《清波杂志》卷六："时以妇人有标致者，曰韵。"

进入文艺领域的"韵"。

如北齐颜之推《颜氏家训·名实》："命笔为诗，彼造次即成，了非有韵。"《晋书·庾恺传》："雅有远韵。"苏轼《论沈辽米芾书》：

"颇有高韵。"黄伯思《东观余论·第三晋宋齐人书》:"逸少之书，凝之得其韵。"范温《诗眼》:"有余意之谓韵。"

又有"气韵"和"神韵"。

"气韵"指诗文，书画，乐舞之气象与韵律。

如《南齐书·文学传论》:"文章者，盖情性之风标，神明之律吕也。蕴思含毫，游心内运，放言落纸，气韵天成。"《北史·文苑传序》:"气韵高远，艳藻独构。"

唐张彦远《历代名画记·论画六法》:"若气韵不周，空陈形似；笔力未遒，空善赋彩，谓非妙也。"宋张表臣《珊瑚钩诗话》:"诗以气韵清高者绝，以格力雄豪者胜。"

《沧浪诗话·诗辨》:"诗之法有五：曰体制，曰格力，曰气象，曰兴趣，曰音节。"

《沧浪诗话·诗评》:"汉魏古诗，气象混沌，难以句摘。"

又，辛文房《唐才子传·张南史》:"数年间，稍入诗境……气韵沉雄，时及之者。"明唐志契《绘画微言》:"气韵生动与烟润不同……蓄气者有笔气，有墨气，有色气，而又有气势，有气度，有气机，此间即谓之韵。"

"神韵"指诗文，书画，乐舞的境象中，境中有神，境外有致；象中有意，象外有韵；韵外有味，味外有旨。诗、画、舞，艺术相通，不能只是形似，而应求神似。而神似即含风神、韵致；要求意态生动，情趣摇曳，所谓"盼睐多姿，动容多致"（班婕妤《捣素赋》）。

张彦远《历代名画记·论画六法》云:"至于鬼神人物，有生动之可状，须神韵而后定。"

《沧浪诗话·诗辨》："诗者，吟咏性情者也。夫诗有别材，非关书也，诗有别趣，非关理也。然非多读书多穷理，则不能极至，所谓不涉理路，不落言筌者也。盛唐诸人，惟在兴趣（兴会情趣）；羚羊挂角，无迹可求。故其妙处，透彻玲珑，不可凑泊。空中之音，相中之色，水中之月，镜中之象，言有尽而意无穷也。"胡应麟《诗薮·外编》卷五："诗之筋骨，犹木之根干；肌肉，犹枝叶也；色泽神韵，犹花蕊也……色泽，神韵充溢其间，而后诗之美善备。"王夫之《唐诗评选》卷四："虚实在神韵，不以兴、比，无以为别。"翁方纲《复初斋文集·神韵论》："神韵者，彻上彻下，无所不该。其谓羚羊挂角，无迹可求，其谓镜中水月，空中之象，亦皆此神韵之正旨也，非坠入空寂之谓也……神韵者，非风致情韵之谓也。"又翁方纲《复初斋文集·坳堂诗集序》："神韵乃诗中自具之本然，自古作家皆有之……诗有以高古浑朴见神韵者，亦有于风致见神韵者，不能执一以论也。"

"韵"，是诗人、艺术家性情（个性、情感）在作品中之流露，从而在作品中形成的气象、神情，意态、情态诸方面的律动。

西方多讲"节奏"，中国与之对应的，似乎为"韵律"。但韵律不止是"节奏"，它含有更丰富的内容，即所谓"气象、神情，意态、情态"等等在作品中的"律动"。其律动的内涵至少有意境的清晰，情感的浓郁，气韵生动，神韵的风致，以及结构的进止、快慢、疏密，音声的高低、长短，粗细，着墨的轻重、浓淡，深浅之匀称组合。

跃出境象之外，从气韵到神韵。

气韵多表现于作品的气势韵致，意态、情趣。神韵多表现在作品的象外之意，韵外之致，味外之旨，此始为有"神"，并有"我神"（作者之神）和"他神"（作品中描写对象之神）。钟嵘《诗品》："不着一字，尽得风流"，"超以象外，得其环中"。司空图《二十四诗品》："韵外之致"，"味外之旨"，"咸酸之外"。是以苏轼有"言有尽而意无穷，天下之至言"，王国维有为诗须有"言外之味，弦外之音"之至言。

小　结

道是宇宙的本原，是中国文化和哲学的原点，天道之自然规律，人道之生命精神。在文艺领域，道即人之个体、生命之情感，其生发于体魄，升华为一种无形、无声、无可感触之"无"的物质：情感及其律动。它是一切文学艺术创作的内驱力。

道生太极；太极即是一，所谓"道生一"。

太极，一；一分为二，即"一生二"，二即阴阳，是太极生阴阳二"气"。

"二生三"，三；阴气，阳气，冲（中）气即阴阳中间，是人类赖以生存的空间和空气，此之谓"三"。

"三生万物"；宇宙中有了人即一切生命，以及一切有机、无机的物质。

道生太极，太极生阴阳二气。阴与阳为气之两极，区分万物之性质，万物之对待及统一。进入文学艺术领域，乃诗人、艺术家情性、作品之刚柔风格的总纲。

境乃接通宇宙本原之精神空间。

韵即此种精神空间之律动，寓一切变化于自然韵律之中。

后　记

这套"设计东方学文丛"，是中国美术学院学科和人才队伍建设成果之一。由我主编，是大家对我的信任。

2013年9月12日，中国美术学院人事处公布"关于开展学院'领航人才支持计划'和'青年人才支持计划'申报与评选工作的通知"。我配合学校安排，组建以"设计东方学"为团队名称的领航团队，成员由陈永怡、连冕、陈晶、何振纪、黄世中，共5人组成。其中前4位，均为校内教师，只有黄世中教授为外聘，并且已是著作等身、卓有成就的旅美著名学者。另外，由中国美术学院副院长杭间教授担任领航团队学术指导。

付梓面世的"设计东方学文丛"，一套3种，其中有黄世中教授的《东方思想文化论纲——中国易、儒、道、佛、诗评述》、青年教师何振纪的《〈髹饰录〉新诠》。前著内容侧重于哲学思想的东方性，后著内容主要突出物质文化的东方性，两部著作奠定了团队成果的基石。此外，为了让更多人参与到设计东方学建设中来，我又单独编了一本《设计东方学的观念和轮廓》。此文集除收入团队成员论文外，还特别邀约了日本著名作家盐野米松先生、国际日本文化研究中心著名世界文学与语言学者郭燕南教授，以及敦煌研究院的敦煌学专家张元林研究员、清华大学美术学院设计史论专家朱彦副教授等撰写论文。

　　"设计东方学"领航团队除了出版这套丛书外，还与中国美术学院设计艺术学院教师一起，围绕如何开展东方特色的设计教学，召开了 3 次研讨会。

　　领航团队建设周期 3 年，在整个工作中，得到了设计艺术学院师生、人事处有关领导，以及杭间教授的大力支持。中国美术学院出版社责任编辑张惠卿费心编辑、耕耘劳作令人感动。在此我谨代表团队，对上述提到名字的，以及没有提到名字的相关者所给予的关怀和支持，表示深切的感谢。

　　"设计东方学"是时代新命题，其建设之路漫长而艰难。但是，只有大家齐心同力，集思广益，才能一树百获，走得高远。

郑巨欣

2017 年 4 月 21 日

责任编辑　张惠卿
装帧设计　俞佳迪
责任校对　朱　奇
责任印制　娄贤杰

图书在版编目（ＣＩＰ）数据

　　设计东方学的观念和轮廓 / 郑巨欣主编. -- 杭州：
中国美术学院出版社，2016.12
　　（设计东方学文丛 / 郑巨欣主编）
　　ISBN 978-7-5503-1261-6

　　Ⅰ. ①设… Ⅱ. ①郑… Ⅲ. ①设计学－研究－中国
Ⅳ. ①TB21

　　中国版本图书馆CIP数据核字(2016)第320192号

设计东方学的观念和轮廓

郑巨欣　主编

出 品 人　祝平凡
出版发行　中国美术学院出版社
地　　址　中国·杭州南山路218号 / 邮政编码：310002
网　　址　http://www.caapress.com
经　　销　全国新华书店
制　　版　杭州海洋电脑制版印刷有限公司
印　　刷　浙江省邮电印刷股份有限公司
版　　次　2017年6月第1版
印　　次　2018年10月第2次印刷
印　　张　13.25
开　　本　787mm×1092mm　1/16
字　　数　152千
图　　数　16幅
印　　数　1001-2000
书　　号　ISBN 978-7-5503-1261-6
定　　价　88.00元